国家重点研发项目资助："装配式混凝土工业化建筑高效施工关键技术研究与示范"（编号 2016YFC0701700）

高层建筑装配式混凝土结构
施工过程时效分析

赵　勇　郭海山　黄长木　著

中国建筑工业出版社

图书在版编目（CIP）数据

高层建筑装配式混凝土结构施工过程时效分析/赵勇，
郭海山，黄长木著.—北京：中国建筑工业出版社，2020.4
ISBN 978-7-112-25045-5

Ⅰ.①高… Ⅱ.①赵…②郭…③黄… Ⅲ.①高层建
筑-装配式混凝土结构-建筑施工 Ⅳ.①TU398②TU974

中国版本图书馆CIP数据核字（2020）第067507号

　　本书内容共5章，分别是：绪论、混凝土收缩徐变预测模型、带后浇段的装
配式混凝土剪力墙构件徐变效应分析、装配式混凝土结构系统时变效应分析、工
程案例分析。本书详细介绍了装配式混凝土结构预制构件的收缩徐变性能和各种
时变效应之间的相互影响，分析了施工过程中剪力墙构件和柱构件的内力时程和
竖向变形时程，以研究不同构件之间的耦合效应，为施工控制提供数据支持。

　　本书适合从事装配式混凝土结构施工的研究人员参考使用，也可作为大专院
校相关专业师生的参考书。

责任编辑：万　李　范业庶
责任校对：李美娜

高层建筑装配式混凝土结构施工过程时效分析
赵　勇　郭海山　黄长木　著
＊
中国建筑工业出版社出版、发行（北京海淀三里河路9号）
各地新华书店、建筑书店经销
唐山龙达图文制作有限公司制版
北京建筑工业印刷厂印刷
＊
开本：787毫米×1092毫米　1/16　印张：6½　字数：158千字
2020年10月第一版　　2020年10月第一次印刷
定价：**39.00**元
ISBN 978-7-112-25045-5
（35843）

前　　言

高层建筑混凝土结构的施工时效分析是其设计的一项重要内容。根据国家现行相关标准，装配整体式混凝土结构房屋的最大适用高度是 150m。目前，日本最高的装配式混凝土结构建筑为 2008 年建造的 50 多层近 200m 的东京塔，我国台湾地区台北甲士林水立方住宅项目也有 38 层、133m，而上海正在建造的浦东新区上岗社区租赁住房项目也接近 100m。随着技术的发展，装配式混凝土建筑的高度将会越来越高，施工时效分析问题也会变得越来越突出。另外，装配整体式混凝土结构由预制混凝土构件和后浇混凝土构成，而且预制构件大多经过蒸养，蒸养混凝土的收缩徐变模型与自然养护的后浇混凝土有区别，加载龄期也会有所不同。因此，对于高层建筑混凝土结构，有必要针对其建造特点，对装配式混凝土结构施工过程时变性进行研究。

本书分析了国内外混凝土结构施工过程时变效应分析研究进展，在此基础上，开展了蒸养混凝土的收缩徐变试验研究，提出了基于纤维模型的带后浇段的装配整体式混凝土剪力墙构件徐变效应分析方法，进而建立装配式混凝土结构系统时变效应分析方法，最后通过某高层住宅装配整体式剪力墙结构和某高层办公楼装配整体式框架-现浇剪力墙结构两个工程案例说明了相关分析方法的应用。本书可为装配式混凝土结构的精细化设计与施工控制提供参考。

衷心感谢国家重点研发计划绿色建筑与建筑工业化专项"装配式混凝土工业化建筑高效施工关键技术研究与示范"（项目编号 2016YFC0701700）的支持。衷心感谢同济大学硕士研究生杨震、刘延明和李山木对本书在试验研究和数值模拟分析等方面所做出的贡献。衷心感谢青岛新世纪预制构件有限公司为相关试验所提供的支持。

由于作者理论水平和实践经验有限，书中难免存在不足甚至谬误之处，恳请读者批评指正。

目　　录

第 1 章 绪 论

1.1 引言

装配式混凝土结构是指由预制混凝土构件通过可靠的连接方式装配而成的混凝土结构,其中通过现场后浇混凝土、水泥基灌浆料形成整体的装配式混凝土结构称为装配整体式混凝土结构[1]。装配式混凝土结构具有工业化水平高、便于冬期施工、减少施工现场湿作业量、减少材料消耗、减少工地扬尘和建筑垃圾等优点,有利于实现提高建筑质量、提高建造效率、降低成本、实现节能和保护环境的目的[2]。

我国装配式混凝土结构兴起于 20 世纪 50 年代,当时受苏联预制混凝土建筑模式的影响,装配式混凝土结构大量应用在工业厂房、住宅、办公楼等建筑领域。20 世纪 80 年代中期以后,在数次地震中,大量装配式混凝土结构破坏,使人们对装配式结构的应用变得保守;另外,当时国内的预制构件生产技术和装配工艺较为落后,构件跨度小、承载力低、延性差、品种单一,从此我国装配式混凝土结构进入一个衰退期[3]。进入 21 世纪后,装配式混凝土结构效率高,产品质量好,尤其是它能改善工人劳动条件,对环境影响小,有利于社会可持续发展的优点重新得到了人们的重视[4]。推动装配式建筑发展是贯彻落实党中央国务院"创新、协调、绿色、开放、共享"五大发展理念,实施生态文明建设的重要举措,是建造方式的重大变革,也是住房城乡建设领域的绿色发展和高质量发展的重要抓手。随着《中共中央 国务院关于进一步加强城市规划建设管理工作的若干意见》《国务院办公厅关于大力发展装配式建筑的指导意见》的发布,我国装配式建筑迎来了全面发展[5]。

《高层建筑混凝土结构技术规程》JGJ 3—2010[6] 规定:复杂高层建筑及房屋高度大于 150m 的其他高层建筑结构,应考虑施工过程的影响。但《建筑工程施工过程结构分析与监测技术规范》JGJ/T 302—2013[7] 认为,进行施工过程模拟分析的技术要求比考虑施工过程影响的技术要求要高,因此进行施工过程模拟分析的结构高度限值应比 150m 高度值要大。因此,《建筑工程施工过程结构分析与监测技术规范》JGJ/T 302—2013[7] 规定:建筑高度不小于 250m 的高层建筑应进行施工过程结构分析。目前,装配式混凝土结构的房屋高度尚未达到 250m 的高度。根据《装配式混凝土建筑技术标准》GB/T 51231—2016[2],装配整体式框架-现浇核心筒结构,对抗震 6 度设防地区最大高度可取 150m,为装配式混凝土结构房屋的最大适用高度。日本 2008 年建造的 50 多层近 200m 的东京塔是最高的装配式混凝土结构[8],我国台湾地区台北甲士林水立方住宅项目也有 38 层、133m[9],而正在建造的上海浦东新区上岗社区租赁住房项目也接近有 100m。由此预见,随着技术的发展,装配式混凝土建筑的高度将会越来越高。另外,装配整体式混凝土结构由预制混凝土构件和后浇混凝土构成,而且预制构件大多经过蒸养,蒸养混凝土的收缩徐变模型与自然养护的后浇混凝土有区别，加载龄期也会有所不同。因此，对于高层装配式混凝土结构，有必要针对其建造特点，对其施工过程时变性进行研究，为装配式混凝土结构的精细化设计与施工提供技术依据。

1.2　研究进展

1.2.1　混凝土收缩徐变预测模型及试验研究进展

收缩徐变是混凝土材料本身固有的时变特性，会导致混凝土结构受力与变形随着时间的变化而变化，对结构的受力性能和长期变形影响很大[10]。因此，混凝土的收缩徐变效应分析是结构时变效应分析的重要内容。收缩徐变效应分析的有效性取决于混凝土收缩应变和徐变系数计算模型的选取及分析方法的合理运用，而计算模型可以通过收缩徐变试验的数据分析结果进行选取。

杨小兵[10]（2004）通过对混凝土收缩徐变机理和影响因素的分析，认为构件体表比会对混凝土收缩和徐变的发展过程产生较大的影响，其对混凝土收缩和徐变的影响程度与时间有关；混凝土的抗压强度虽然对混凝土收缩徐变没有直接的关系，但间接反映了混凝土水灰比与水泥含量对混凝土收缩徐变的影响，应考虑其影响；在常用的预测模型中，GL2000 模型表现最好，其次是 RILEM B3（1995）模型和 CEB‑FIP（1990）模型，ACI 209R（1992）模型表现最差。

陈志华[11]（2006）等对比分析了常用的五种混凝土徐变预测模型，计算不同加载龄期、环境湿度、构件尺寸以及强度的混凝土徐变，通过分析徐变预测模型对以上各因素的敏感性，发现加载龄期对各模型徐变预测值影响最大，构件尺寸对其影响最小，混凝土强度对 RILEM B3、CEB-FIP MC90 以及 GL2000 影响较大，环境湿度对 B3 和 GL2000 影响较大。因此，混凝土结构分析考虑徐变时，对所选预测模型影响较大的因素应予以较为准确的估计。

马骁[12]（2013）通过考虑水灰比、骨料水泥比、水泥含量、试件有效厚度、加载龄期、干燥龄期、混凝土强度、混凝土弹性模量和湿度 9 个因素，对 RILEM B3、CEB‑FIP MC90、GL2000 和 ACI 209R-92（R2008）四种徐变模型进行敏感性分析对比，发现在徐变各参数变异性相同的情况下，RILEM B3、ACI 209R-92（R2008）、GL2000 模型徐变度预测值的 95% 置信区间带宽随龄期而逐渐增大，而 CEB-FIP MC90 模型的相应置信区间带宽先减小后又逐渐增大。四种模型预测值的变异性从小到大依次为 GL2000、RILEM B3、CEB‑FIP MC90、ACI 209R-92（R2008）。

孟江等[13]（2013）为提前预见混凝土的收缩和徐变对结构使用性能的影响，分别采用 CEB-FIP 模型、ACI 模型、BP 模型和 GL2000 模型等方法对混凝土的收缩徐变进行计算分析，且对相同条件下各种计算方法得出的结果进行对比。结果表明混凝土收缩应变对构件理论厚度比较敏感，而徐变系数对构件理论厚度敏感度较小，混凝土徐变效应随着加载龄期的增加而减小。

汪建群、吕鹏[14]（2017）等基于试验实测和参考文献结果，对各种混凝土徐变预测模型的实用性进行了评价，提出既有的混凝土徐变计算模型均为考虑各影响因素的半理论半经验模型，且 JTG D62 2012 和 GL2000 模型较适用于高强混凝土。

综上可知，对于混凝土的收缩徐变，已有许多规范标准提出了预测模型，但这些模型基于不同的徐变理论而得出，相互之间差别较大，适用于不同的情况。

杨永清等[15]（2015）为准确预测实际工程结构混凝土徐变的发展规律，在反映恒温、恒湿条件下混凝土徐变性能的基准徐变系数基础上，引入温度、湿度徐变系数，建立了预测实际环境温度、湿度条件下混凝土徐变的组合徐变模型。借鉴徐变计算理论，提出了由环境温度变化引起的混凝土附加徐变的实用计算方法。研究结果表明，自然环境中随时间变化的温度、湿度导致现行徐变模型的预测结果与实际的徐变变形存在显著差异，其引起的混凝土附加徐变随季节更替而产生周期性增减交替变化。

陈磊[16]（2016）等提出，蒸汽养护相对于标准养护能使混凝土在短时间内获得较高的早期强度，但蒸养过程在加快水泥水化的同时也造成了内部的损伤，伴随着不可恢复的残余变形，这种变形在混凝土内部产生了巨大的压力，并对所制成的混凝土构件的品质造成一定的影响。

对于装配式混凝土结构中的预制构件，应针对其采用的蒸汽养护，选用最合适的徐变预测模型进行分析，因此有必要进行相应的试验研究。

白国良[17]（2016）等通过对再生混凝土试件进行收缩和徐变试验，研究了再生混凝土徐变。混凝土收缩试件和徐变试件在温度为 20 ± 2℃、湿度为 95% 的环境下养护 28d，参照《普通混凝土长期性能和耐久性能试验方法标准》GB/T 50082—2009，在 1000kN 弹簧式压缩徐变仪上进行试验。

郑文忠[18]（2016）等为研究考虑截面应力重分布对轴压柱混凝土徐变的影响，完成了 12 组 24 个几何尺寸为 100mm×100mm×400mm 的素混凝土试件在不同应力水平下的徐变试验。试验中采用 500kN 弹簧式徐变仪进行变压力徐变试验。每组用相同的 2 个试件串联于一台徐变仪上，按照《普通混凝土长期性能和耐久性能试验方法标准》GB/T 50082—2009 中混凝土受压徐变试验方法的相关规定进行徐变试验。

1.2.2 施工过程时变效应分析研究进展

《高层建筑混凝土结构技术规程》JGJ 3—2010[6] 中规定："竖向荷载作用计算时，宜考虑钢柱、型钢混凝土柱与钢筋混凝土核心筒竖向变形差异引起的结构附加内力，计算竖向变形差异时宜考虑混凝土收缩、徐变、沉降及施工调整等因素的影响"。

曹志远等[20]（1996）分别对某 12 层框架考虑了施工过程的时变性，结论认为，在考虑施工过程时，内力分布是不断变化的，并随着结构高度的增加不断进行重分配，甚至在某些位置上的内力改变了方向。

方永明等[23]（1997）通过算例提出，在高层建筑结构整体刚度形成后，进行分层加载的施工模拟方法不够准确，有时会导致较大差错，高层建筑结构的施工模拟分析应该是能反映在结构逐层增高的同时，荷载也逐层施加的过程。

李瑞礼等[24]（1999）采用超级有限元耦合法对高层结构进行施工过程模拟，按照施工顺序及施工时的实际情况进行力学分析，从而保证结构建造全过程的可靠性和安全性。

张其林等[25]（2004）采用新的坐标迁移理论，并考虑预应力控制索段在施工过程中索长的变化，结合了非线性有限元分析程序，研究了计算机模拟大跨预应力钢结构施工的全过程。

薛娜[21]（2005）等提出将使用阶段的结构作为受力分析对象是目前结构设计的常规做法，其结果是结构的最终内力、变位等与施工过程无关，这不符合工程实际情况，而现行的结构工程施工内力有限元法并没有提供相应的公式能解决这个问题。利用施工过程时变有限元分析方法对结构施工内力进行几何非线性分析，使计算结果更符合结构施工的实际情况，发现施工时变效应会对结构分析结果产生影响，分析时应考虑结构的时变性。

张慎伟[22]（2009）等针对混凝土的时变变形对钢管混凝土组合结构施工过程中结构受力的影响，基于 CEB-FIP 中的混凝土时变模型，提出了对钢管混凝土组合高层框架结构进行施工过程计算的时变模型，数值模拟结果表明混凝土收缩和徐变引起的结构变形在高层结构设计中不容忽视，建议对于竖向刚度和楼面荷载不均匀的高层钢管混凝土组合结构设计应该考虑混凝土的时变效应对结构变形的影响。

吕佳等[26]（2013）基于型钢混凝土构件的实际受力机制，引入主从约束方法，推导了型钢混凝土组合构件子结构单元模型，较好地解决了组合构件中混凝土部分收缩徐变的计算问题，应用在了型钢混凝土结构施工过程的时变分析中。

郁冰泉等[27]（2013）提出传统的高层建筑时变分析方法是通过结构弹性时变分析得出结构的内力时程进而得出构件的非弹性变形时程，而并未考虑内力时程与变形时程之间的相互关联性。事实上结构在施工过程中内力将不断发生重分布，结构在前一个施工阶段的力学形态也会对后续的施工阶段的力学形态产生影响，变形也相应发生变化，这种耦合效应对竖向构件的内力有着不可忽视的影响。

姜世鑫[28]（2014）提出了一种全新的基于纤维模型的组合构件收缩徐变计算方法，考虑到了组合构件中各部分混凝土收缩徐变参数不同，进而将截面离散成了多个纤维单元分别进行计算。为准确计算结构的竖向变形，作者还考虑了结构时变的耦合效应，通过在各时间段的迭代计算方法，推导出精确的时变分析方法，编制了基于数值计算语言循环调用有限元程序来分析结构时变耦合效应的计算程序，以实现快速准确地计算结构的时变内力与变形，并得到丰富的后处理结果。

同时，在结构分析时，混凝土材料一般需要同钢筋共同工作，在计算钢筋的影响时有两种方法，一种是假设弹性阶段考虑徐变效应并计入钢筋作用时，平截面假定仍成立，根据钢筋与混凝土弹性模量及配筋率大小，应用变形协调条件、虎克定律、徐变计算公式等，可求得经某时段钢筋与混凝土间内力重分布后钢筋及混凝土压应力的增（减）量，及协调变形后的钢筋混凝土截面应变；另一种是近似计算方法，通过假设徐变影响系数建立平衡关系，得到徐变影响系数取值，进而可求得截面应力增减变化量[28]。

傅学怡等[29]（2008）提出钢筋和混凝土是性质不同的两种材料，收缩徐变导致钢筋和混凝土之间内力重分布，并把钢筋混凝土柱简化为轴向受力构件进行了弹性分析和收缩徐变分析。结果表明，配筋率的提高对于减少混凝土弹性应变的影响很小，但是对于减小混凝土的收缩徐变影响显著，当配筋率为 5% 时，钢筋混凝土的收缩徐变可以达到自由收缩徐变的 40%。

1.3 本书主要内容

由以上可知，装配整体式混凝土结构已经成为当今建筑行业的发展主流，施工过程时变效应分析也是建筑行业的重要研究内容，但装配整体式混凝土结构与传统现浇结构在各方面的差异会对于装配整体式混凝土结构的施工过程时变效应产生影响，本书针对两者间的主要差异，对装配整体式混凝土结构进行时变效应分析研究。

（1）针对装配式混凝土结构预制构件所采用的蒸养方式，搜集整理国内外相关资料，对比分析各规范中常用的收缩徐变预测模型，分析相关因素的影响，探究各模型对于蒸汽养护方式和自然养护方式的差异规定，研究不同养护方式对混凝土徐变的影响。在此基础上，开展蒸养混凝土的收缩徐变试验，研究蒸养混凝土的收缩徐变性能，以验证适合蒸养混凝土的收缩徐变模型。

（2）针对装配式混凝土剪力墙中预制墙板与后浇段相结合的情况，研究带后浇段的装配式混凝土剪力墙构件的徐变效应。通过理论推导的方法分析带后浇段的装配式混凝土在持荷阶段的竖向变形与墙体间剪力，并设计剪力墙算例，使用有限元分析软件对其进行模拟，分别研究素混凝土剪力墙、钢筋混凝土剪力墙、轴心受压情况、偏心受压情况、逐层加载等情况下装配式剪力墙徐变效应。

（3）在施工过程中，各种时变效应之间会互相影响，不断变化，发生耦合效应。所以在以上分析的基础上，进一步以装配整体式混凝土框架-现浇混凝土结构和装配整体式混凝土剪力墙结构两个工程实例，分析施工过程中剪力墙构件和柱构件的内力时程和竖向变形时程，以及分析不同变形之间、不同构件之间的耦合效应，可为施工控制提供数据支持。

第2章 混凝土收缩徐变预测模型

2.1 国内外主要混凝土收缩徐变预测模型

混凝土徐变是指在混凝土中应力保持不变的情况下混凝土的应变随时间增长的现象，而混凝土收缩是其在非荷载作用因素下体积变化而产生的变形[10]。收缩与徐变是混凝土材料本身固有的时变特性，会导致混凝土结构受力与变形随着时间的变化而变化，对混凝土结构的受力性能及长期变形影响很大。只要结构中存在混凝土，混凝土的收缩徐变便存在着，而只要结构对混凝土的变形敏感，混凝土的收缩徐变效应分析便是结构分析中必不可少的一部分[10,11]。正确地估计和预测收缩徐变对大型预应力混凝土桥梁、高层混凝土结构等长期变形的影响具有重要意义。

在19世纪混凝土收缩第一次被观测到，在1907年Hatt[30]首先发现了混凝土的徐变。在此之后国内外许多专家和学者对这一课题开展了长期的研究工作，虽然已经取得了许多重要成果，但混凝土的收缩徐变的机理及影响因素十分复杂，各有特点，又相互关联，还远没有被完全掌握。对于近年来得到大力发展的装配式混凝土结构所常用的蒸汽养护混凝土，研究更是偏少。本节将整理分析常用的徐变模型，并分析各模型对于蒸养养护和自然养护的差异规定，为装配式混凝土结构的时变效应分析提供基础理论依据。

目前，国内外许多规范根据不同的徐变机理提出了相应的混凝土徐变预测模型。较为常用的徐变模型有美国标准 ACI 209R—92（R2008）[31]、国际结构混凝土协会（fib）的规范 MC 2010[32]、中国《混凝土结构设计规范》GB 50010—2010[33]、中国《公路钢筋混凝土及预应力混凝土桥涵设计规范》JTG 3362—2018[34] 四本规范中的模型和 B3 模型[35] 等。

各徐变模型采用了统一的模式，均引入了徐变系数来计算徐变，徐变系数即为混凝土徐变幅度值与混凝土瞬间承压应变值的比值，其相互关系可由式(2-1)表示。各模型的差别就在于徐变系数的取值不同。

$$\varepsilon(t,t_0) = \frac{\sigma_c}{E_c(t_0)}\varphi(t,t_0) \tag{2-1}$$

式中　　t——混凝土加载后的持荷天数；

　　　　t_0——加载时混凝土龄期；

　$\varepsilon(t,t_0)$——混凝土徐变；

　　　　σ_c——加载时混凝土所承受的应力；

　$E_c(t_0)$——加载时混凝土的弹性模量；

　$\varphi(t,t_0)$——徐变系数。

2.1.1　美国标准 ACI 209R—92

1992 年，美国混凝土学会 209 委员会推荐了 ACI 209R—92 模型，采用极限徐变系数和试件函数乘积的形式表示徐变系数。时间函数采用双曲-幂函数形式。极限徐变系数取为定值 2.35，相对湿度、构件尺寸、养护方式和加载龄期等影响因素在计算时都以修正系数的方式计入。

其徐变系数计算公式为：

$$\varphi(t,t_0) = 2.35K_1K_2K_3K_4K_5K_6\frac{t^{0.6}}{10+t^{0.6}} \tag{2-2}$$

式中　K_1——混凝土的加载龄期影响系数，由式(2-3)、式(2-4) 计算。

湿养护混凝土：$\qquad K_1 = 1.25 \times t_0^{-0.118}$ $\tag{2-3}$

蒸汽养护混凝土：$\qquad K_1 = 1.13 \times t_0^{-0.094}$ $\tag{2-4}$

K_2——环境相对湿度的影响系数，由式(2-5) 计算，I_{RH} 为环境相对湿度（%）。

$$K_2 = 1.27 - 0.0067I_{RH}(I_{RH} > 40) \tag{2-5}$$

K_3——混凝土构件平均厚度的影响系数，由式(2-6) 计算，v/s 为构件的体表比（mm）。

$$K_3 = \frac{2}{3}(1 + 1.13e^{-0.0213v/s}) \tag{2-6}$$

K_4——混凝土稠度的影响系数，由式(2-7) 计算，S 为新鲜混凝土的坍落度（mm）。

$$K_4 = 0.82 + 0.00264S \tag{2-7}$$

K_5——细骨料含量影响系数，由式(2-8) 计算，f 为细骨料占总骨料分率。

$$K_5 = 0.88 + 0.0024f \tag{2-8}$$

K_6——空气含量影响系数，由式(2-9) 计算，A_d 为新鲜混凝土中所含空气的体积（%）。

$$K_6 = 0.46 + 0.09A_d \geqslant 1 \tag{2-9}$$

2.1.2　国际结构混凝土协会（fib）的规范 MC 2010

国际结构混凝土协会（fib）的规范 MC 2010 中的徐变预测模型为：

$$\varphi(t,t_0) = \varphi_{bc}(t,t_0) + \varphi_{dc}(t,t_0) \tag{2-10}$$

式中　$\varphi_{bc}(t,t_0)$——基础徐变系数；

$\varphi_{dc}(t,t_0)$——干燥徐变系数。

分别由式(2-11)、式(2-12) 计算。

$$\varphi_{bc}(t,t_0) = \beta_{bc}(f_{cm}) \times \beta_{bc}(t,t_0) \tag{2-11}$$

$$\varphi_{dc}(t,t_0) = \beta_{dc}(f_{cm}) \times \beta(RH) \times \beta_{dc}(t_0) \times \beta_{dc}(t,t_0) \tag{2-12}$$

式中　$\beta_{bc}(f_{cm})$、$\beta_{dc}(f_{cm})$——混凝土强度的影响系数，分别由式(2-13)、式(2-14) 计算。

$$\beta_{bc}(f_{cm}) = \frac{1.8}{(f_{cm})^{0.7}} \tag{2-13}$$

$$\beta_{dc}(f_{cm}) = \frac{412}{(f_{cm})^{1.4}} \tag{2-14}$$

$\beta(RH)$ ——环境相对湿度的影响系数，由式(2-15) 计算。

$$\beta(RH) = \frac{1 - \dfrac{RH}{100}}{\sqrt[3]{0.1 \times \dfrac{h}{100}}} \tag{2-15}$$

$\beta_{bc}(t, t_0)$、$\beta_{dc}(t, t_0)$ ——考虑徐变随时间发展及加载龄期影响的系数，分别由式(2-16)、式(2-21) 计算，其中在计算 $\beta_{dc}(t, t_0)$ 时欧洲规范考虑到了不同养护条件对徐变的影响。

$$\beta_{bc}(t, t_0) = \ln\left[\left(\frac{30}{t_{0,adj}} + 0.035\right)^2 \times (t - t_0) + 1\right] \tag{2-16}$$

$$\beta_{dc}(t_0) = \frac{1}{0.1 + t_{0,adj}^{0.2}} \tag{2-17}$$

$$\gamma(t_0) = \frac{1}{2.3 + \dfrac{3.5}{\sqrt{t_{0,adj}}}} \tag{2-18}$$

$$\alpha_{f_{cm}} = \left(\frac{35}{f_{cm}}\right)^{0.5} \tag{2-19}$$

$$\beta_h = 1.5 \times h + 250 \times \alpha_{f_{cm}} \leqslant 1500 \times \alpha_{f_{cm}} \tag{2-20}$$

$$\beta_{dc}(t, t_0) = \left[\frac{(t - t_0)}{\beta_h + (t - t_0)}\right]^{\gamma(t_0)} \tag{2-21}$$

式中　$t_{0,adj}$ ——考虑水泥种类以及养护温度对于徐变影响的系数，由式(2-22) 计算。

$$t_{0,adj} = t_{0,T} \times \left[\frac{9}{2 + t_{0,T}^{1.2}} + 1\right]^{\alpha} \geqslant 0.5d \tag{2-22}$$

式中　α ——由水泥种类决定，强度等级 32.5N 时，$\alpha = -1$；强度等级 32.5R/42.5N 时，$\alpha = 0$；强度等级 42.5R/52.5N/52.5R 时，$\alpha = 1$；

$t_{0,T}$ ——考虑了温度影响后混凝土龄期，由式(2-23) 计算。

$$t_{0,T} = \sum_{i=1}^{n} \Delta t_i \exp\left[13.65 - \frac{4000}{273 + T(\Delta t_i)}\right] \tag{2-23}$$

式中　Δt_i ——温度 T 持续的天数；

$T(\Delta t_i)$ ——Δt_i 时间段内的平均摄氏温度。

2.1.3　中国《混凝土结构设计规范》GB 50010—2010

《混凝土结构设计规范》GB 50010—2010 中的徐变预测模型为：

$$\varphi(t, t_T) = \varphi_0 \times \beta_c(t, t_T) \tag{2-24}$$

式中　$\varphi(t, t_T)$ ——徐变系数；

φ_0 ——名义徐变系数，按式(2-25) 计算；

$\beta_c(t, t_T)$ ——混凝土预加应力后徐变随时间发展的系数，按式(2-26) 计算；

$$\varphi_0 = \varphi_{RH} \times \beta(f_{cm}) \times \beta(t_T) \tag{2-25}$$

$$\beta_c(t, t_T) = \left[\frac{t - t_T}{\beta_H + (t - t_T)}\right]^{0.3} \tag{2-26}$$

φ_{RH}——考虑环境相对湿度 RH（%）和理论厚度 $\dfrac{2A}{u}$ 对徐变系数影响的参数，

按式（2-27）计算；

当 $f_{\text{cm}} \leqslant 35\text{MPa}$ 时，
$$\varphi_{\text{RH}} = 1 + \frac{1 - RH/100}{0.1 \times \sqrt[3]{\dfrac{2A}{u}}} \tag{2-27a}$$

当 $f_{\text{cm}} > 35\text{MPa}$ 时，
$$\varphi_{\text{RH}} = \left[1 + \frac{1 - RH/100}{0.1 \times \sqrt[3]{\dfrac{2A}{u}}} \times \alpha_1 \right] \times \alpha_2 \tag{2-27b}$$

$\beta(f_{\text{cm}})$——考虑混凝土强度对徐变系数影响的参数，按式（2-28）计算；
$$\beta(f_{\text{cm}}) = \frac{16.8}{\sqrt{f_{\text{cm}}}} \tag{2-28}$$

$\beta(t_{\text{T}})$——考虑加载时混凝土龄期对徐变系数影响的系数，按式（2-29）计算；
$$\beta(t_{\text{T}}) = \frac{1}{0.1 + t_{\text{T}}^{0.20}} \tag{2-29}$$

β_{H}——取决于环境相对湿度 RH 和理论厚度的系数，按式（2-30）计算。

当 $f_{\text{cm}} \leqslant 35\text{MPa}$ 时，$\beta_{\text{H}} = 1.5 \left[1 + (0.012RH)^{18} \right] \dfrac{2A}{u} + 250 \leqslant 1500$ （2-30a）

当 $f_{\text{cm}} > 35\text{MPa}$ 时，$\beta_{\text{H}} = 1.5 \left[1 + (0.012RH)^{18} \right] \dfrac{2A}{u} + 250\alpha_3 \leqslant 1500\alpha_3$ （2-30b）

$\alpha_1 = \left(\dfrac{35}{f_{\text{cm}}} \right)^{0.7}, \alpha_2 = \left(\dfrac{35}{f_{\text{cm}}} \right)^{0.2}, \alpha_3 = \left(\dfrac{35}{f_{\text{cm}}} \right)^{0.5}$ 为考虑混凝土强度影响的系数。

式中　f_{cm}——混凝土圆柱体 28d 龄期平均抗压强度（MPa），故《混凝土结构设计规范》
　　　　　GB 50010—2010 中的强度 $f_{\text{cm}} = 0.79 f_{\text{cu,k}}$。

2.1.4　中国《公路钢筋混凝土及预应力混凝土桥涵设计规范》JTG 3362—2018

《公路钢筋混凝土及预应力混凝土桥涵设计规范》JTG 3362—2018[34] 中的徐变预测
模型为：
$$\varphi(t, t_{\text{T}}) = \varphi_0 \times \beta_{\text{c}}(t - t_{\text{T}}) \tag{2-31}$$
式中　$\varphi(t, t_{\text{T}})$——徐变系数；

φ_0——名义徐变系数，由式（2-32）计算；

$\beta_{\text{c}}(t - t_{\text{T}})$——加载后徐变随时间发展的系数，由式（2-36）计算。
$$\varphi_0 = \varphi_{\text{RH}} \times \beta(f_{\text{cm}}) \times \beta(t_{\text{T}}) \tag{2-32}$$

$$\varphi_{\text{RH}} = 1 + \frac{1 - \dfrac{RH}{RH_0}}{0.46 \times \left(\dfrac{h}{h_0} \right)^{\frac{1}{3}}} \tag{2-33}$$

$$\beta(f_{\text{cm}}) = \frac{5.3}{\left(\dfrac{f_{\text{cm}}}{f_{\text{cm0}}} \right)^{0.5}} \tag{2-34}$$

$$\beta(t_T) = \frac{1}{0.1 + \left(\dfrac{t_T}{t_1}\right)^{0.2}} \tag{2-35}$$

$$\beta_c(t - t_T) = \left[\frac{\dfrac{t - t_T}{t_1}}{\beta_H + \dfrac{t - t_T}{t_1}}\right]^{0.3} \tag{2-36}$$

$$\beta_H = 150 \times \left[1 + \left(1.2 \times \frac{RH}{RH_0}\right)^{18}\right] \frac{h}{h_0} + 250 \leqslant 1500 \tag{2-37}$$

式中　f_{cm}——混凝土在 28d 龄期时的平均立方体抗压强度，故《公路钢筋混凝土及预应力混凝土桥涵设计规范》JTG 3362—2018 中的 $f_{cm} = 0.8 f_{cu,k} + 8MPa$，$f_{cm0} = 10MPa$，$RH_0 = 100\%$，$h_0 = 100mm$，$t_1 = 1d$。

2.1.5　B3 模型

1979 年，Bazant 和 Panula 通过对世界各国的庞大徐变数据进行最佳拟合分析，提出了 B-P 模型及其简化模型——BP2 模型。在此基础上，于 1995 年又提出了 RLEM B3 模型，并且指出 B3 模型比之前的两种模型更简单、更符合实际。

B3 模型是目前考虑影响因素最多的徐变预测模型，将徐变函数表示为：

$$J(t, t') = q_1 + C_0(t, t') + C_d(t, t', t_0) \tag{2-38}$$

式中　　　q_1——单位应力产生的瞬时应变；

$C_0(t, t')$——基本徐变；

$C_d(t, t', t_0)$——干燥徐变；

t, t', t_0——分别为混凝土的计算龄期、加载龄期和干燥开始的龄期。

则徐变系数为：

$$\varphi(t, t') = E(t') J(t, t') - 1 \tag{2-39}$$

单位应力产生的瞬时应变为：

$$q_1 = 0.6 \times 10^6 / E_{28} \tag{2-40}$$

$$E_{28} = 57000 \sqrt{f_c'} \tag{2-41}$$

式中　f_c'——28d 混凝土圆柱体抗压强度标准值（psi），若只知道设计强度 f_{ck}，则 $f_c' = f_{ck} + 1200psi$。

基本徐变为：

$$C_0(t, t') = q_2 Q(t, t') + q_3 \ln\left[1 + (t - t')^n\right] + q_4 \ln\left(\frac{t}{t'}\right) \tag{2-42}$$

其中，$n = 0.1$，q_2、q_3、q_4 可用如下公式计算：

$$q_2 = 451.1 c^{0.5} (f_c')^{-0.9} \tag{2-43}$$

$$q_3 = 0.29 \left(\frac{w}{c}\right)^4 q_2 \tag{2-44}$$

$$q_4 = 0.14 \left(\frac{a}{c}\right)^{-0.7} \tag{2-45}$$

式中　c——水泥含量（kg/m³）；

$\dfrac{w}{c}$——水灰比（重量比）；

$\dfrac{a}{c}$——骨料水泥比（重量比）。

$$Q(t,t') = Q_f(t') \left[1 + \left(\frac{Q_f(t')}{Z(t,t')} \right)^{r(t')} \right]^{-1/r(t')} \tag{2-46}$$

$$r(t') = 1.7(t')^{0.12} + 8 \tag{2-47}$$

$$Z(t,t') = (t')^{-m} \ln \left[1 + (t-t')^n \right] \tag{2-48}$$

$$Q_f(t') = \left[0.086(t')^{\frac{2}{9}} + 1.21(t')^{\frac{4}{9}} \right]^{-1} \tag{2-49}$$

其中，$m = 0.5$，$n = 0.1$。

干燥徐变为：

$$C_d(t,t',t_0) = q_5 \{ \exp[-8H(t)] - \exp[-8H(t')] \}^{1/2} \tag{2-50}$$

其中，$t' > t_0$ 时，$H(t) = 1 - (1-h)S(t)$，否则 $H(t) = 0$。

时间曲线 $S(t) = \tanh \sqrt{\dfrac{t-t_0}{\tau_{sh}}}$。

$$q_5 = 7.57 \times 10^5 (f_c')^{-1} \varepsilon_{sh\infty}^{-0.6} \tag{2-51}$$

$\varepsilon_{sh\infty}$ 为收缩终值的时间相关性，按照下式计算：

$$\varepsilon_{sh\infty} = \varepsilon_{s\infty} \frac{E(607)}{E(t_0 + \tau_{sh})} \tag{2-52}$$

$\varepsilon_{s\infty} = \alpha_1 \alpha_2 \left[26 w^{2.1} (f_c')^{-0.28} + 270 \right]$，单位：$10^{-6}$；收缩半衰期 $\tau_{sh} = k_t (k_s D)^2$，单位：d。

$$k_t = 190.8 t_0^{-0.08} (f_c')^{-1/4} \tag{2-53}$$

$$D = 2 \frac{v}{s} \tag{2-54}$$

式中　$\dfrac{v}{s}$——体表比；

　　　k_s——截面形状系数，对于无限平板，$k_s = 1.00$；对于无限圆柱，$k_s = 1.15$；对于无限正四棱柱，$k_s = 1.25$；对于球体，$k_s = 1.30$；对于立方体，$k_s = 1.55$。

弹性模量随龄期的变化按下式计算：

$$E(t) = E_{28} \left(\frac{t}{4 + 0.85t} \right)^{0.5} \tag{2-55}$$

对于 I 类水泥，$\alpha_1 = 1$；对于 II 类水泥，$\alpha_1 = 0.85$；对于 III 类水泥，$\alpha_1 = 1.1$。

对于蒸汽养护，$\alpha_2 = 0.75$；对密闭或在初始由防干燥措施的空气中的正常养护构件，$\alpha_2 = 1.2$；对在水中或者相对湿度 100% 的环境中养护的构件，$\alpha_2 = 1.0$。

2.2　养护方式的影响

蒸汽养护与自然养护在养护过程中的温度和湿度均有较大差别，故而两种养护方式下的混凝土徐变也会有所差别。上述五种模型中美国标准 ACI 209R-92[31] 直接通过混凝土的加载龄期修正系数 K_1 给出了蒸养和湿养护的区别，其计算方式如式(2-56)、式(2-57)所示。B3 模型[35] 通过系数 α_2 给出了不同养护方式的区别算法，对于蒸汽养护 $\alpha_2 = 0.75$，对于密闭或在初始有防干燥措施的空气中的正常养护条件 $\alpha_2 = 1.2$，对于在水中或者相对湿度 100% 的环境中养护的构件 $\alpha_2 = 1.0$。

湿养护混凝土：
$$K_1 = 1.25 \times t_0^{-0.118} \tag{2-56}$$

蒸汽养护混凝土：
$$K_1 = 1.13 \times t_0^{-0.094} \tag{2-57}$$

而国际结构混凝土协会（fib）的规范 MC 2010[32]、中国《混凝土结构设计规范》GB 50010—2010[33] 和中国《公路钢筋混凝土及预应力混凝土桥涵设计规范》JTG 3362—2018[34] 则主要通过等效龄期来考虑温度的影响，将蒸汽养护龄期和自然养护龄期均换算成混凝土的标准养护龄期，但两者的计算公式也存在区别。国际结构混凝土协会（fib）的规范 MC 2010 的等效龄期由式(2-58)计算，中国《混凝土结构设计规范》GB 50010—2010 和中国《公路钢筋混凝土及预应力混凝土桥涵设计规范》JTG 3362—2018 的等效龄期由式(2-59)计算。等效龄期的原理是，当成熟度相同时，相同配合比的混凝土在不同的养护条件下强度也大致相同。

$$t_T = \sum_{i=1}^{n} \Delta t_i \exp\left[13.65 - \frac{4000}{273 + T(\Delta t_i)}\right] \tag{2-58}$$

$$t_T = \sum_{i=1}^{n} \Delta t_i \exp\left[4.26 - \frac{375}{68 + T(\Delta t_i)}\right] \tag{2-59}$$

式中　t_T——等效龄期；

Δt_i——温度 T 持续的天数；

$T(\Delta t_i)$——Δt_i 时间段内的摄氏温度。

本节引用文献［14］中的计算条件，对上述四个模型使用不同养护方式下的混凝土徐变进行具体的对比研究。具体计算条件为：混凝土 28d 抗压强度为 $5.5 \times 10^4 kN/m^2$，环境相对湿度 70%，构件理论厚度 $h = 1m$，加载时混凝土龄期为 10d。蒸汽养护制度为：静养时间 2h，升温试件 2h，恒温温度 60℃，恒温时间 8h，降温时间 2h。计算结果如表 2-1 和图 2-1 所示。

各预测模型徐变系数计算值比较　　　　表 2-1

持荷时间(d)	10	30	60	100	500	1000	2000	3000
ACI 209R-92 自然养护	0.264	0.403	0.499	0.568	0.747	0.799	0.838	0.856
ACI 209R-92 蒸汽养护	0.252	0.384	0.476	0.542	0.713	0.763	0.800	0.817
MC 2010 自然养护	0.589	0.740	0.840	0.917	1.167	1.274	1.377	1.433
MC 2010 蒸汽养护	0.543	0.693	0.792	0.868	1.117	1.224	1.326	1.382
GB 50010 自然养护	0.425	0.588	0.720	0.831	1.247	1.425	1.572	1.639
GB 50010 蒸汽养护	0.411	0.568	0.695	0.803	1.205	1.377	1.519	1.583
JTG 3362 自然养护	0.388	0.537	0.657	0.760	1.153	1.327	1.477	1.547
JTG 3362 蒸汽养护	0.375	0.519	0.635	0.735	1.114	1.283	1.427	1.495
B3 模型自然养护	0.618	0.777	0.882	0.962	1.225	1.338	1.445	1.505
B3 模型蒸汽养护	0.570	0.727	0.832	0.911	1.173	1.285	1.392	1.452

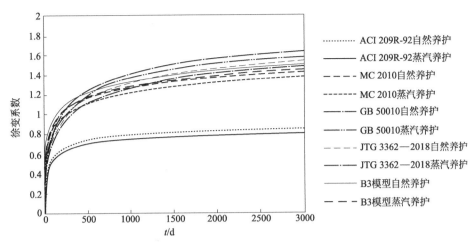

图 2-1　各预测模型徐变系数计算值对比

由此可知，各预测模型中蒸养混凝土的徐变值均小于自然养护混凝土的徐变值，其差值与徐变一起随持荷时间增长而增大，但始终保持在徐变值的 5% 左右。各模型之间的差别则较大，在此算例中国际结构混凝土协会（fib）的规范 MC 2010[32]、中国《混凝土结构设计规范》GB 50010—2010[33]、中国《公路钢筋混凝土及预应力混凝土桥涵设计规范》JTG 3362—2018[34] 和 B3 模型[35] 的预测值较为接近，四者之间的差别均在 10% 左右，而美国标准 ACI 209R-92[31] 的预测值则远低于其他四者，超过 50%。各规范计算结果相差较大，这是因为徐变模型的建立依赖于对混凝土徐变机理和影响因素的理解，不同的规范采用不同的徐变机理，不同的影响因素，各影响因素所占的比重也不同，相应有着各自不同的适用范围。因此，混凝土结构考虑徐变时，应选用适合的预测模型，并且对所选预测模型影响较大的因素应予以较为准确的估计。

2.3　蒸养混凝土收缩徐变试验

2.3.1　试验目的

蒸汽养护是采用水蒸气升温加快混凝土中水泥水化的方法，可显著提高混凝土的初期（脱模）与早期强度，加快模具周转，缩短生产周期，提高生产效率，广泛用于混凝土预制构件的生产，我国混凝土预制构件生产厂家 70% 以上采用蒸养。蒸养过程包括静养、升温、恒温和降温四个阶段，蒸养制度工艺参数包括静养时间、升温温度、恒温时间和恒温温度，蒸养参数的变化直接影响混凝土中水泥与各组分的水化及其水化产物特征，因此其设定将对混凝土预制构件成型质量与后期性能有很重要的影响[36,37]。过往研究认为，蒸养混凝土的水泥和粉煤灰的水化消耗掉大量水分，从而使其徐变值较标养混凝土的徐变值低，平均下降约 10%；掺超细粉煤灰混凝土经过蒸养以后，其徐变值在早期就低于标养混凝土的徐变值，且这个差别在后期几乎保持恒定[36]。另一方面，无论是蒸汽养护还是标准养护的混凝土，干缩在早期变化较大，后期变化较小。蒸汽养护的混凝土在 28d 后干缩曲线逐渐趋于稳定，标准养护的混凝土在 60d 后逐渐趋于稳定[37]。蒸汽养护的混凝土干缩值小于标准养护的混凝土，这是由于在蒸汽养护条件下，混凝土中胶凝材料在早期水化较充分，消耗掉了大量的水分，从而使得蒸汽养护的混凝土的干缩值小于标准养护的混凝土。这表明蒸汽养护有利于降低混凝土的干缩，这有利于延长混凝土制品的长期使用性[38]。

在装配式混凝土结构中预制构件常采用蒸汽养护，故有必要研究在蒸汽养护的条件下，混凝土的收缩徐变性能与自然养护的区别，并将试验结果与上述各规范中的收缩徐变模型进行对比，找出更适合蒸养混凝土的收缩徐变模型，为装配式混凝土结构的时变效应分析提出基础数据及依据。

2.3.2　试件方案

按《普通混凝土长期性能和耐久性能试验方法标准》GB/T 50082—2009[39] 第10.0.3条的相关规定，徐变试验应选用尺寸为 100mm×100mm×400mm 的棱柱体试件进行。制作徐变试件时，应同时制作相应的立方体抗压试件、棱柱体抗压试件即参比用收缩试件。试件尺寸及用途如表 2-2 所示。故本试验共设计制作了 12 个徐变试件、18 个收缩试件、216 个混凝土立方体抗压试件和 216 个混凝土轴心抗压强度及弹性模量试件。

混凝土试件尺寸及用途　　　　　　　　　　　表 2-2

形状	尺寸(mm×mm×mm)	用途
立方体	150×150×150	测定徐变加载前及持荷过程中混凝土的立方体抗压强度
棱柱体	150×150×300	测定徐变加载前及持荷过程中混凝土的轴心抗压强度及弹性模量
棱柱体	100×100×400	(1)测定徐变加载前及持荷过程中混凝土的棱柱体抗压强度； (2)测量徐变试件的徐变变形以及参比试件的收缩变形

（1）混凝土材料

本试验全部试件在山东省青岛市新世纪预制构件厂制作，全部试件包括两个强度等级，均采用 P.O42.5 普通硅酸盐水泥，粗骨料粒径为 5～25mm，细骨料为中砂。两种混凝土的配合比参数如表 2-3 所示。

混凝土配合比　　　　　　　　　　　　　表 2-3

材料	C30	C50	备注
水泥(kg)	280	380	P.O42.5 中联
矿粉(kg)	70	120	青钢
粉煤灰二级(kg)	30	—	电厂
河沙中砂(kg)	830	800	
石子 1(kg)	800	700	粒径 10～25mm
石子 2(kg)	170	200	粒径 5～10mm
水(kg)	165	160	
外加剂(kg)	4.94	8.00	聚羧酸 天津飞龙
水胶比	0.43	0.32	

（2）徐变试件

徐变试验共设计 12 个试件，试件尺寸均为 100mm×100mm×400mm，考虑了混凝土强度、轴压比和养护条件三个参数，各徐变试件的主要参数如表 2-4 所示。其中混凝土强度考虑了两种情况，分别为 C30 和 C50；轴压比考虑了两种情况，分别为 0.3 和 0.5；养护条件考虑了三种情况，其中两种为蒸汽养护，另一种为标准养护，两种蒸汽养护的主要参数如表 2-5 所示。

徐变试件主要参数　　　　　　　　　　　　　　　　　表 2-4

组数	编号	混凝土强度	轴压比	养护条件
1	A3-3-Ⅰ	C30	0.3	蒸养Ⅰ
	A3-3-Ⅱ	C30	0.3	蒸养Ⅱ
2	A3-3-0	C30	0.3	标养
3	A3-5-Ⅰ	C30	0.5	蒸养Ⅰ
	A3-5-Ⅱ	C30	0.5	蒸养Ⅱ
4	A3-5-0	C30	0.5	标养
	A5-3-0	C50	0.3	标养
5	A5-3-Ⅰ	C50	0.3	蒸养Ⅰ
	A5-3-Ⅱ	C50	0.3	蒸养Ⅱ
6	A5-5-Ⅰ	C50	0.5	蒸养Ⅰ
	A5-5-Ⅱ	C50	0.5	蒸养Ⅱ
7	A5-5-0	C50	0.5	标养

蒸汽养护主要参数　　　　　　　　　　　　　　　　　表 2-5

编号	静养时间(h)	升温时间(h)	恒温温度(℃)	恒温时间(h)	降温时间(h)
蒸养Ⅰ	2	2	45	8	2
蒸养Ⅱ	2	2	65	8	2

（3）收缩试件

收缩试验与徐变试验相对应，共设计 6 组试件，每组包括 3 个，试件尺寸均为 100mm×100mm×400mm，考虑了混凝土强度和养护条件两个参数，各收缩试件的主要参数如表 2-6 所示。其中混凝土强度考虑了两种情况，分别为 C30 和 C50；养护条件考虑了三种情况，其中两种为蒸汽养护，另一种为标准养护，两种蒸汽养护的主要参数如表 2-5 所示[39]。

收缩试件主要参数　　　　　　　　　　　　　　　　　表 2-6

编号	混凝土强度	养护方案	试件数量
B-3-Ⅰ	C30	蒸养Ⅰ	3
B-3-Ⅱ	C30	蒸养Ⅱ	3
B-3-0	C30	标养	3
B-5-Ⅰ	C50	蒸养Ⅰ	3
B-5-Ⅱ	C50	蒸养Ⅱ	3
B-5-0	C50	标养	3

（4）混凝土立方体抗压强度试件

混凝土立方体抗压强度试验与徐变试验相对应，共设计 216 个试件，分为 6 组，每组包括 36 个，分别在 12 个不同的龄期进行试验，试件尺寸均为 150mm×150mm×150mm，考虑了混凝土强度、养护条件和试验龄期三个参数，各试件的主要参数如表 2-7 所示。其中混凝土强度考虑了两种情况，分别为 C30 和 C50；养护条件考虑了三种情况，其中两种为蒸汽养护，另一种为标准养护，两种蒸汽养护的主要参数如表 2-5 所示；试验龄期考虑了 12 个情况，分别为加荷后 1d、30d、60d、90d、120d、180d、240d、300d、360d、420d、540d、660d。

强度试件主要参数　　　　　　　　　　　　　　　　表 2-7

编号	强度	养护条件	试件分组、相应试验龄期(d)及数量											
			1	2	3	4	5	6	7	8	9	10	11	12
			1	30	60	90	120	180	240	300	360	420	540	660
C-3-Ⅰ-组号	C30	蒸养Ⅰ	3	3	3	3	3	3	3	3	3	3	3	3
C-3-Ⅱ-组号	C30	蒸养Ⅱ	3	3	3	3	3	3	3	3	3	3	3	3
C-3-0-组号	C30	标养	3	3	3	3	3	3	3	3	3	3	3	3
C-5-Ⅰ-组号	C50	蒸养Ⅰ	3	3	3	3	3	3	3	3	3	3	3	3
C-5-Ⅱ-组号	C50	蒸养Ⅱ	3	3	3	3	3	3	3	3	3	3	3	3
C-5-0-组号	C50	标养	3	3	3	3	3	3	3	3	3	3	3	3

（5）混凝土轴心抗压强度与弹性模量试验

混凝土轴心抗压强度与弹性模量试验与徐变试验相对应，共设计了 216 个试件，分为 6 组，每组包括 36 个，分别在 6 个不同的龄期进行试验，试件尺寸均为 150mm×150mm×300mm，考虑了混凝土强度、养护条件和试验龄期三个参数，各试件的主要参数如表 2-8 所示。其中混凝土强度考虑了两种情况，分别为 C30 和 C50；养护条件考虑了三种情况，其中两种为蒸汽养护，另一种为标准养护，两种蒸汽养护的主要参数如表 2-5 所示；试验龄期考虑了 6 个情况，分别为加荷后 1d、60d、120d、240d、360d、540d。

混凝土轴心抗压强度与弹性模量试件主要参数　　　　　　　表 2-8

编号	强度	养护方案	试件分组、相应试验龄期(d)及数量					
			1组	2组	3组	4组	5组	6组
			1	60	120	240	360	540
D-3-Ⅰ-组号	C30	蒸养Ⅰ	6	6	6	6	6	6
D-3-Ⅱ-组号		蒸养Ⅱ	6	6	6	6	6	6
D-3-0-组号		标养	6	6	6	6	6	6
D-5-Ⅰ-组号	C50	蒸养Ⅰ	6	6	6	6	6	6
D-5-Ⅱ-组号		蒸养Ⅱ	6	6	6	6	6	6
D-5-0-组号		标养	6	6	6	6	6	6

2.3.3　试件制作及养护

（1）模具选择

因本次试验包含高温蒸汽养护，有必要对模具的材料进行把控，以免模具在高温条件下破损。本次试验中的模具采用了 ABS 塑料试模，具体数量如表 2-9 所示。ABS 塑料是丙烯腈（A）、丁二烯（B）、苯乙烯（S）三种单体的三元共聚物，三种单体相对含量可任意变化，制成各种树脂，ABS 兼有三种组元的共同性能，A 使其耐化学腐蚀、耐热，并有一定的表面硬度，B 使其具有高弹性和韧性，S 使其具有热塑性塑料的加工成型特性并改善电性能，因此 ABS 塑料是一种原料易得、综合性能良好、价格便宜、用途广泛的"坚韧、质硬、刚性"材料，其热变形温度为 93～118℃，制品经退火处理后还可提高10℃左右，故 ABS 塑料试模可以满足高温蒸养养护的试验条件[40]。

模具数量　　　　　　　　　　　　　　　　　　　　　表 2-9

试件尺寸(mm×mm×mm)	数量
100×100×400	16
150×150×300	108
150×150×150	108

（2）试件养护

试件养护原则为同批同强度试件同时养护，因共有 C30、C50 两种强度，故所有试件分为两批进行养护，两批次数量相同，每批次包含试件尺寸及数量如表 2-10 所示。其中100mm×100mm×400mm 尺寸的标养试件比试验所需试件数量多一个，是为满足徐变仪的尺寸需求，作为徐变试验第二组和第七组的垫块使用。

批次养护方案　　　　　　　　　　　　　　　　　　　表 2-10

养护方案	试件尺寸(mm×mm×mm)	数量
蒸养Ⅰ	100×100×400	5
	150×150×300	36
	150×150×150	36
蒸养Ⅱ	100×100×400	5
	150×150×300	36
	150×150×150	18
标养	100×100×400	6
	150×150×300	36
	150×150×150	36

2.3.4　试验设备

（1）弹簧式压缩徐变仪

混凝土试件的徐变试验仪器采用《普通混凝土长期性能和耐久性能试验方法标准》GB/T 50082—2009 第 10.0.2 条试验仪器设备条款中建议的弹簧式徐变仪。本次试验共使用七台弹簧式压缩徐变仪，均为自行设计[41]、制作，具体设计流程见附录。徐变仪如图 2-2 所示，竖向荷载作用点保持在墙身顶面中心位置。每个徐变仪上放置一组试件，其中第二组和第七组只有一个试验试件，可使用同尺寸的试件作为垫块以满足徐变仪尺寸要求。

　　图 2-3 为弹簧式压缩徐变仪组装示意图。每个弹簧式压缩徐变仪有三根纵向承力丝杆,四个横向承压板。承力丝杆和承压板将徐变仪分为三个区段:荷载调节(千斤顶)区段、试件持荷徐变区段以及压缩弹簧区段。

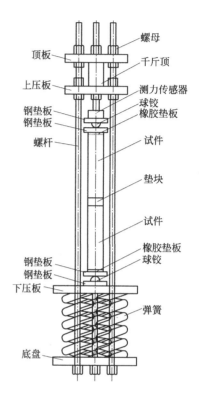

图 2-2　徐变仪　　　　　　　　　　图 2-3　徐变仪组装示意图

　　图 2-4 为徐变仪加载原理图。如图 2-4(a) 所示,加载时,将千斤顶放入荷载调节区段,螺母①固定,千斤顶开始加载,承压板①和承压板④之间处于持荷状态,承压板②和承压板③向下移动,千斤顶、试件和弹簧共同受力,弹簧开始压缩。如图 2-4(b) 所示,加载完毕后,螺母③拧紧固定在承压板②上,承压板②和承压板④之间处于持荷状态,试件和弹簧共同受力,混凝土试件开始徐变。由于混凝土试件和弹簧一起受力,当混凝土试件发生了徐变,承压板②和承压板④之间的距离增大,但由于弹簧的存在,能很大程度降低因混凝土徐变引起的压力降低[41]。

　　根据弹簧式压缩徐变仪的尺寸和试验要求,选择每台徐变仪上串联两个试验参数相同的混凝土棱柱体试件。如图 2-4 所示,在板③上放置球铰支座,在球铰支座上放置两个串联试件。上下压板之间的总距离约为 1000mm,满足《普通混凝土长期性能和耐久性能试验方法标准》GB/T 50082—2009 第 10.0.2 条中“可以采用几个试件串联受荷,上下压板之间的总距离不得超过 1600mm”的规定。

　　(2) 千分表及配套表座

　　采用哈尔滨量具刃具集团有限公司生产的千分表,分度值为 0.001mm,量程为 1mm。自制应变量测装置由千分表、自制表座、铝制接长杆、玻璃板组成。自制表座、铝制接长杆和玻璃板如图 2-5 所示。表座上有与千分表测杆直径相似的贯穿孔和与之垂直

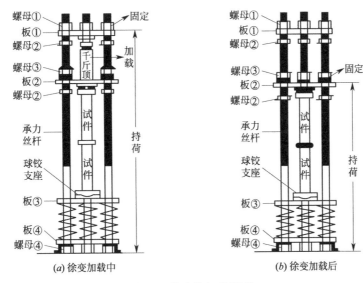

(a) 徐变加载中　　　(b) 徐变加载后

图 2-4　徐变仪加载原理

的套内螺纹孔洞，通过在套内螺纹孔洞内拧紧垂直于端面的螺杆挤压千分表测杆将千分表固定于表座。拧下千分表测头，用与千分表测头直径相似的铝制接长杆替代测头，以满足测量标距对测杆长度的要求。使用支座和植筋胶进行固定，使用端头粘贴玻璃板的铝制接长杆与千分表测头接触。千分表在每一个徐变试件和收缩试件上均需安装。

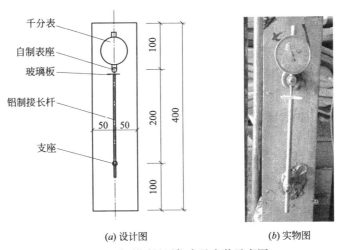

(a) 设计图　　　(b) 实物图

图 2-5　变形测量用仪表及安装示意图

2.3.5　试验过程

（1）试验前准备

1）徐变仪水平矫正及各中心点定位

徐变仪的各个承压板应表面平整且与水平面平行。用水准仪从下往上校核徐变仪的各个承压板是否与水平面平行，若不水平，微调承压板下部的螺栓使该承压板水平。找出徐变仪各个承压板的几何中心，以几何中心为圆心依次在各承压板的上下端面上画出与千斤顶、压力传感器、球铰支座同等直径的圆，在球铰支座中心区域刻画出混凝土试件截面尺寸的外接圆，以保证徐变加载时球铰支座、混凝土试件、压力传感器、千斤顶等放置于徐变仪中心轴线上。

2）试件的找平

《普通混凝土长期性能和耐久性能试验方法标准》GB/T 50082—2009 第 10.0.3 条中指出："徐变试件的受压面与相邻的纵向表面之间的角度与直角的偏差不应超过 1mm/100mm"。徐变试验前用直角卡尺校核徐变受压面与四个侧面的角度，若不满足试验要求，在试件上、下两个受压面用高强石膏找平。

3）变形量测装置的固定

在徐变试验中，采用自制应变引伸计测量试件压缩变形，测点布置示意如图 2-5 所示。变形测量标距为 200mm，与试件上下端头相距均为 100mm。首先按测点布置图在试件的两个相背侧面绘制变形测量装置的定位基线；然后用植筋胶将支座板沿其定位基线粘贴于试件侧面预定位置；再将带有接长杆的千分表插入表座，并拧紧，用植筋胶将带有千分表的表座沿其定位基线粘贴到试件侧面预定位置。每个试件有两套自制应变引伸计，对称布置于试件相背两个侧表面的纵轴线上。

各试件混凝土徐变变形值见 2.3.6 节中的图 2-9～图 2-11。可以看出，蒸养混凝土的徐变值均小于自然养护混凝土，且养护温度为 65℃的蒸养混凝土徐变值略小于养护温度为 45℃的蒸养混凝土。

徐变试件和收缩试件的变形量测装置应在徐变试验前 1d 固定好，固定好后仔细检查，不得有松动和异常现象。用植筋胶将表座粘贴在混凝土表面后，应水平放置，待植筋胶完全凝固后再放入其他零件，并且保证植筋胶量充足，可以适用于长期徐变变形测量。

（2）加载

1）调整图 2-4 中承压板②的位置，留出适当的荷载调节空间（放置千斤顶的位置，320～380mm）和试件受荷空间（放置球铰支座、试件和传感器的位置，950～1000mm）。调整试件受荷空间时，用承压板②下部的螺母②将承压板②固定。

2）在承压板③上依次放置球铰支座、下部试件、垫板、上部试件、垫板和压力传感器，并使其处于徐变仪的中心轴线上。向下拧承压板②下部的螺母②，降低承压板②，使承压板②与压力传感器自由接触。将千斤顶放置承压板②上，并使其处于徐变仪的中心轴线上。向下拧承压板②下部的螺母②，使其与承压板②相距 20～50mm（弹簧压缩距离）。

3）再次检查变形量测装置，确保千分表的接长杆粘结于承压板上的玻璃板上，检查千分表读数并调至稍大于零，记下初始读数。将力读数显示器与压力传感器连接，记下初始读数（压力传感器与力读数显示器应在徐变试验前完成标定）。

4）启动油泵开始加载。首先加载至徐变应力的 20%后停止加载，记录千分表的读数。试件两侧的变形差应小于其平均值的 10%，当超出此值时，应松开千斤顶卸载，根据两侧千分表的差异，适当微调千斤顶的位置后再次加载至徐变应力的 20%，再次检查对中情况。对中完毕后，应立即继续加载直到 100%徐变应力，记录传感器读数和千分表读数，作为试件的持荷应力和初始变形。随后立即向下拧螺母③，使其贴紧承压板②，再用扳手分多次均匀地循环拧紧螺母③处的三个螺母，以减小千斤顶卸荷后的轴力损失，并且避免因拧紧螺母不均匀引起试件两边变形差异的加大。千斤顶移走后及时记录力传感器读数和千分表读数，观察试件两边变形值的变化情况，试件两侧的读数相差不应超过平均值的 10%，否则应予以调整。

在徐变试验过程中应详细记录各组试件徐变加载时间、徐变变形测读时间、试验室内及加湿棚内的温度和相对湿度、徐变试件变形值及同条件参比用试件收缩变形值等。

2.3.6　试验数据及分析

（1）环境温度、相对湿度曲线

徐变试验的测量时间为 2017 年 10 月 12 日至今，温度时程曲线及相对湿度时程曲线如图 2-6、图 2-7 所示。可以看到试验期间的温度基本维持在 20℃左右，相对湿度也维持在 60％左右，满足《普通混凝土长期性能和耐久性能试验方法标准》GB/T 50082—2009 第 10.0.3 条中"试件养护完成后应移入温度为 20±2℃、相对湿度为 60％±2％的恒温恒湿室进行徐变试验，直至试验完成"的要求。

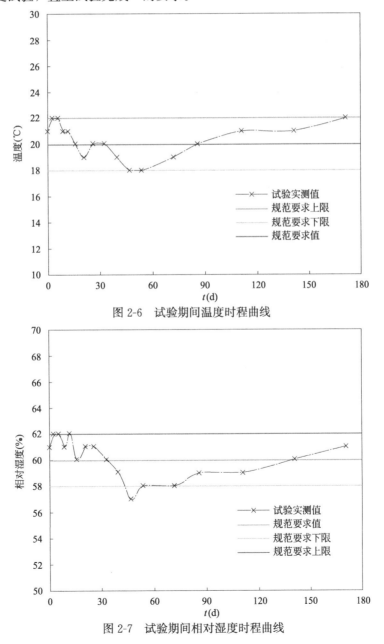

图 2-6　试验期间温度时程曲线

图 2-7　试验期间相对湿度时程曲线

（2）荷载曲线

试验期间使用压力传感器对各徐变仪荷载进行检测，荷载变化如图 2-8 所示，从图中可以看出，各徐变仪荷载均有所降低，但降低值均在 3％以内，满足规范要求。

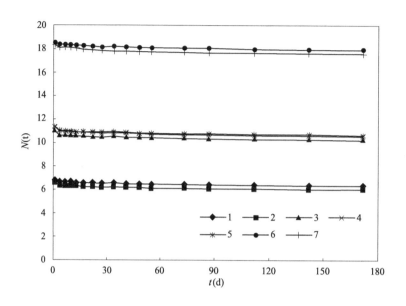

图 2-8　试验期间荷载时程曲线

（3）总应变试验曲线

图 2-9～图 2-12 分别为 3-3 试件、3-5 试件、5-3 试件和 5-5 试件在不同养护方式下的混凝土总应变（瞬时应变和徐变应变之和）发展曲线。

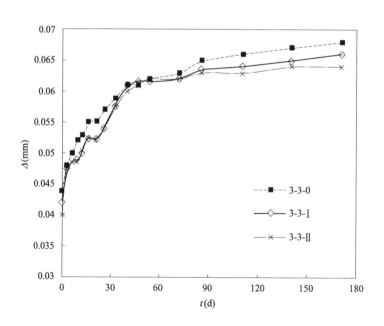

图 2-9　3-3 试件总应变时程曲线

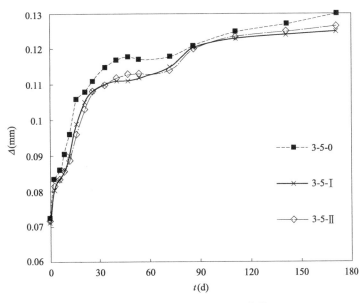

图 2-10　3-5 试件总应变时程曲线

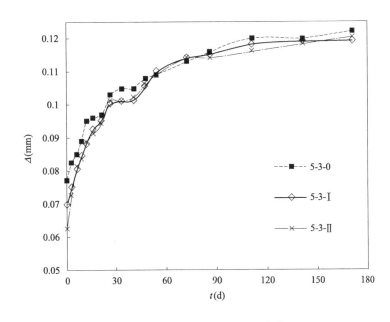

图 2-11　5-3 试件总应变时程曲线

从图 2-9～图 2-12 可以看出，蒸养混凝土的徐变值均小于自然养护混凝土，其差值在 5%左右，且养护温度为 65℃的蒸养混凝土徐变值略小于养护温度为 45℃的蒸养混凝土。而从不同组试件之间的对比也可看出，各组试件的瞬时加载应变随应力水平的增大而增大，混凝土总应变（瞬时应变与徐变应变之和）随应力水平的增大而增大，随混凝土强度等级的增大而减小。

从试验结果来看，持荷 180d 的蒸养混凝土徐变值仅小于自然养护混凝土 5%左右，

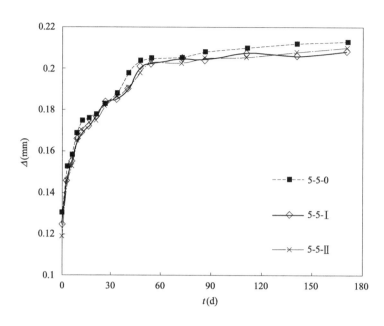

图 2-12   5-5 试件总应变时程曲线

差别较小，但由于以下几个原因，仍有必要进行进一步的分析和研究。首先，混凝土徐变一般需要几年的时间才能到达徐变终值，目前时间较短，不能很好地说明两者之间的差别，需要对混凝土试件进行更长时间的观察测量。其次，在本试验中，加载时的混凝土龄期较长，皆为 30d 左右，此时加载的混凝土徐变较小，在实际施工的过程中，加载时养护龄期一般小于 30d，因此有必要变换这一关键变量，进一步对蒸养混凝土的徐变值进行研究。最后，在装配式混凝土结构中，预制构件和后浇段在徐变上的差别不仅由不同的养护方式引起，也由于两部分墙体本身的加载龄期有着较大的差别，所以即使蒸养与自然养护混凝土的差别不是很大，但与其他差别累加后也会对两部分墙体造成较大的差别。

（4）试验结果与模型计算结果对比

以试验中的实际情况作为计算条件，使用上文中介绍的五种混凝土徐变预测模型进行计算。将各组试件试验值与相应条件下各规范预测模型计算结果放入同一图中进行对比，因本试验中加载龄期较长，加载时试件收缩已经基本完成，可以忽略，所以使用各预测模型进行计算时仅考虑徐变预测模型，使用 B3 模型进行计算时也将式中的收缩部分删掉，各计算结果如图 2-13～图 2-16 所示。在各预测模型中，国际结构混凝土协会（fib）的规范 MC 2010 和 B3 模型的预测值与试验结果更为接近，差别在 10％左右，其余三本规范的预测值则均大于试验结果。

由试验结果可以看出，B3 模型考虑了最多的影响因素而计算复杂，相比于其他预测模型，不仅考虑加载龄期、施加应力、持荷时间等因素，还考虑了试件横截面形状、混凝土弹性模量变化等因素，保证了预测的精度，对于不同养护条件下的混凝土徐变都能给出较为准确的预测；而 ACI 209R 虽然也考虑不同养护方式的差别，但考虑的影响因素相对较少，预测模型也过于简单，对于不同条件下的混凝土徐变预测稳定性较差；对于中国规范和欧洲规范 MC 2010，虽然均是通过考虑环境温度对加载龄期进行修正，但中国规范的等效龄期概念并不是与徐变模型同时提出，而欧洲规范则是在预测模型中给出了等效龄期的计算方法，能更加准确地计算养护温度对徐变的影响。

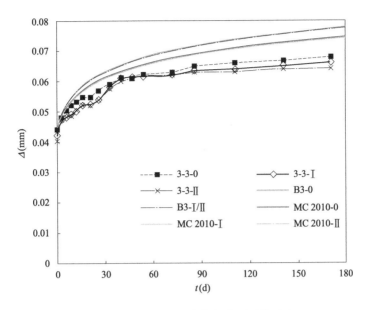

图 2-13　3-3 试件试验值与规范预测值对比

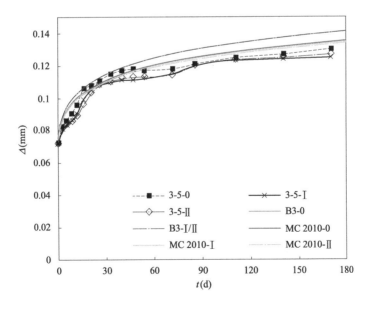

图 2-14　3-5 试件试验值与规范预测值对比

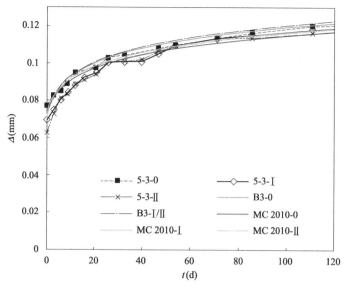

图 2-15　5-3 试件试验值与规范预测值对比

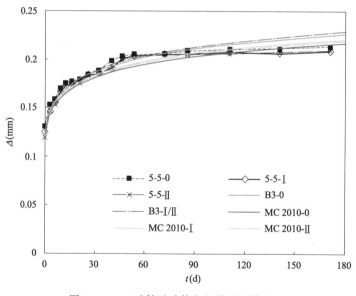

图 2-16　5-5 试件试验值与规范预测值对比

2.4　本章小结

竖向构件的收缩徐变作用对整体结构时变效应的影响是结构设计与施工控制中不可或缺的一部分，设计中通常通过各规范中的收缩徐变模型进行预测，常用的收缩徐变预测模型有美国标准 ACI 209R—92、国际结构混凝土协会（fip）的规范 MC 2010、中国《混凝土结构设计规范》GB 50010—2010 和中国《公路钢筋混凝土及预应力混凝土桥涵设计规范》JTG 3362—2018 四本规范及 B3 模型。但对于装配式混凝土结构来说，预制构件常采用的蒸汽养护方式明显改变了混凝土养护过程中的温度和湿度，对收缩徐变效应会产生影响。

　　分析对比了各规范预测模型中对于不同养护方式下混凝土徐变的差异计算方法，其中美国规范和 B3 模型直接通过相关修正系数给出了蒸养和自然养护的区别，而欧洲规范和中国规范则主要通过等效龄期来考虑温度的影响，但各模型的预测结果均认为同条件下蒸养混凝土的徐变略小于自然养护混凝土，其差值与徐变值一起随持荷时间增长而增大。

　　为进一步验证蒸养混凝土收缩徐变的计算方式，进行了蒸养混凝土的收缩徐变试验。试验结果表明，蒸养混凝土的收缩徐变要小于自然养护混凝土，且与蒸养时的温度有关；各预测模型中，MC 2010 徐变预测模型和 B3 模型的预测结果与试验结果更为接近。

第3章 带后浇段的装配式混凝土剪力墙构件徐变效应分析

装配整体式混凝土结构是指由预制混凝土构件通过可靠的方式进行连接并与现场后浇混凝土、水泥基灌浆料形成整体的混凝土结构。预制剪力墙往往通过竖向后浇混凝土段进行墙与墙的连接。预制构件大多经过蒸汽养护，而后浇混凝土段则采用自然养护。不同的养护条件及不同的加载龄期将导致两部分混凝土的徐变效应有所差异[46,47]。目前，关于蒸养混凝土徐变性能的研究表明，混凝土在蒸汽养护条件下，利用水蒸气升温加快混凝土中水泥水化，消耗掉大量水分，从而使蒸养混凝土的徐变值较自然养护混凝土的徐变小[48,49]。但对于两种养护方式的混凝土组合构件研究较少。本章拟对带后浇段的装配整体式混凝土剪力墙徐变效应进行分析，为装配式混凝土结构的施工过程模拟提供参考。

3.1 装配整体式剪力墙徐变效应理论推导分析

对于带后浇段的装配式剪力墙，预制墙体不仅加载龄期长于后浇墙体，而且采用了蒸汽养护，其本身徐变ε_2必将小于后浇部分的本身徐变ε_1。这将导致两部分墙体之间产生剪应力，同时其竖向应变也需进一步讨论。本节通过一个预制墙体与后浇墙体相结合的一字型剪力墙实例对其进行分析。剪力墙模型如图 3-1 所示，其长、宽、高分别为 l、b、h。左侧为自然养护的后浇墙体，其长度为 αl，计算龄期为 t_1'，弹性模量为 $E_1(t_1')$，右侧为蒸汽养护的预制墙体，长度为 $(1-\alpha)l$，计算龄期为 t_2'，弹性模量为 $E_2(t_2')$。

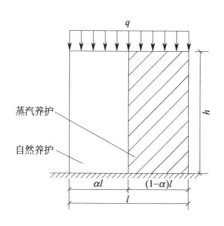

图 3-1 一字型剪力墙实例示意

3.1.1 预制墙体与后浇墙体之间的剪力

假设两部分墙体在持荷过程中变形始终保持一致，且忽略钢筋对混凝土徐变的影响，对剪力墙的徐变效应进行分析。

设预制部分在养护龄期达到 t_1 时出厂运往施工现场，再经过时间 t_2 后完成吊装，进行后浇部分的浇筑，后浇部分养护龄期达到 t_3 时进行加载，在剪力墙顶部施加均匀荷载 q，即后浇部分的加载龄期为 t_3，预制部分的加载龄期为 $t_1+t_2+t_3$，其相互关系如图 3-2 所示。施加荷载发生瞬时变形后，保持荷载不变进行持荷。因 $\varepsilon_1 > \varepsilon_2$，两部分墙体之间将产生剪力互相作用，以保证变形一致，不发生开裂。

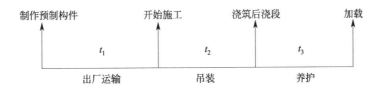

图 3-2　龄期关系示意图

以变形一致为条件对各时间段内的应力应变进行求解并积分求和。在持荷过程中取时间段 dt，在 dt 中后浇部分混凝土本应发生徐变 $d\varepsilon_1$，预制部分本应发生徐变 $d\varepsilon_2$。$d\varepsilon_1$、$d\varepsilon_2$ 的差别导致两部分墙体之间的剪力增大 $d\tau$，剪力墙内部发生应力重分布。同时 $d\tau$ 施加在两部分墙体上之后，也将产生瞬时应变。因两部分墙体的变形始终保持相同，两部分墙体的徐变与瞬时应变之和应相等，于是可以得到式（3-1）。

$$d\varepsilon_1 + \frac{d\tau h}{E_1(t_1')b(1-\alpha)l} = d\varepsilon_2 - \frac{d\tau h}{E_2(t_2')b\alpha l} \tag{3-1}$$

对式（3-1）求解可以得到

$$d\tau = \frac{E_1(t_1')E_2(t_2')l\alpha(1-\alpha)(d\varepsilon_1 - d\varepsilon_2)}{E_1(t_1')(1-\alpha)h + E_2(t_2')\alpha h} \tag{3-2}$$

对式（3-2）进行积分即可得到两部分墙体之间的剪应力 τ，如式（3-3）所示。

$$\tau = \int \frac{E_1(t_1')E_2(t_2')l\alpha(1-\alpha)(d\varepsilon_1 - d\varepsilon_2)}{E_1(t_1')(1-\alpha)h + E_2(t_2')\alpha h} \tag{3-3}$$

3.1.2 竖向应变

将式（3-3）代入式（3-1）中可得剪力墙在 dt 时段内的徐变，如式（3-4）所示。

$$d\varepsilon = d\varepsilon_1 + \frac{d\tau h}{E_1(t_1')b(1-\alpha)l} = d\varepsilon_2 - \frac{d\tau h}{E_2(t_2')b\alpha l} = \frac{\alpha E_1(t_1')d\varepsilon_1 + (1-\alpha)E_2(t_2')d\varepsilon_2}{\alpha E_1(t_1') + (1-\alpha)E_2(t_2')} \tag{3-4}$$

对 t 之前的所有 $d\varepsilon$ 进行积分计算可以得到

$$\varepsilon = \int d\varepsilon = \int \frac{\alpha E_1(t_1')d\varepsilon_1 + (1-\alpha)E_2(t_2')d\varepsilon_2}{\alpha E_1(t_1') + (1-\alpha)E_2(t_2')} \tag{3-5}$$

由此可以得到结合剪力墙持荷过程中的竖向徐变 ε，如式（3-6）所示，此式即可作为带后浇段的装配式混凝土剪力墙的等效徐变模型。

$$\varepsilon = \int \frac{\alpha E_1(t_1') \mathrm{d}\varepsilon_1 + (1-\alpha)E_2(t_2') \mathrm{d}\varepsilon_2}{\alpha E_1(t_1') + (1-\alpha)E_2(t_2')} \tag{3-6}$$

与普通混凝土剪力墙相比，影响结合剪力墙徐变的参数主要有两个，后浇混凝土比例 α、两部分混凝土加载时等效养护龄期的差值 t_0。对式（3-6）进行进一步定性分析，即可得到两个参数与 ε 的关系，即：

（1）ε 随 α 的增大而增大，即结合剪力墙中预制部分的比例越大，剪力墙的徐变值就越小，而后浇部分的比例越大，剪力墙的徐变值就越大。

（2）ε 随 t_0 的增大而减小，即两部分混凝土加载时等效养护龄期的差值越大，结合剪力墙的徐变就越小。

3.1.3 算例验证

本节量化各项条件，利用理论推导的计算方法对剪力墙的竖向变形和墙体间剪力进行计算，以验证各项结论。量化条件如下：剪力墙厚度 $b=200\mathrm{mm}$，高度 $h=3000\mathrm{mm}$，长度 $l=3000\mathrm{mm}$，后浇部分比值 α 取为 1/3，混凝土强度等级为 C40，环境相对湿度为 50%，环境温度为 20℃。后浇部分的加载龄期为 $t_3=14\mathrm{d}$，预制部分的加载龄期为 $t_1+t_2+t_3=28\mathrm{d}$。预制部分蒸养制度与上文算例相同。轴压比为 0.25，于墙体顶部设置 8MPa 的均布荷载。

计算中采用 B3 模型[35] 进行验证，首先分别计算后浇部分和预制部分的本身徐变 ε_1、ε_2，然后代入式（3-3）、式（3-6）进行计算。得到两部分墙体之间的剪应力为 $\tau=0.34\mathrm{MPa}$，仅为 C40 混凝土抗拉强度标准值的 0.14 倍，可以认为对墙体影响很小。同时得到不同养护条件的剪力墙变形曲线对比如图 3-3 所示，从图中可以看出，结合剪力墙的徐变变形值位于后浇剪力墙徐变变形值和预制剪力墙徐变变形值之间，且具体数值与预制剪力墙更为接近。

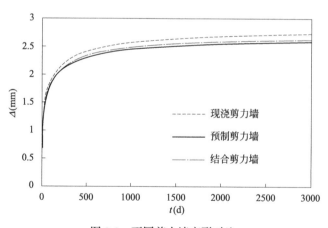

图 3-3 不同剪力墙变形对比

同时本节变化了结合剪力墙的两个重要参数，后浇混凝土比例 α、两部分混凝土加载时等效养护龄期的差值 t_0，得到的结果如图 3-4 所示，与上文中理论分析得到的结果完全相同。

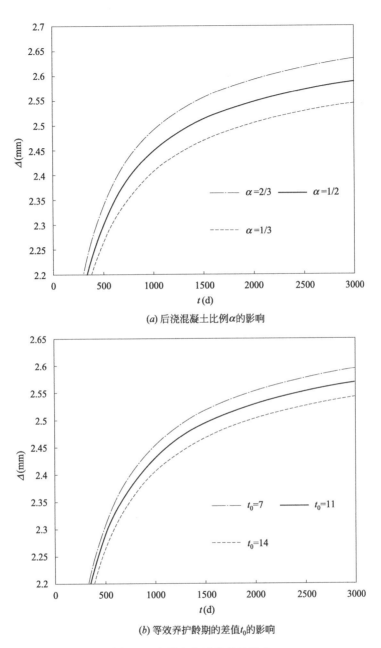

(a) 后浇混凝土比例 α 的影响

(b) 等效养护龄期的差值 t_0 的影响

图 3-4　参数变化对徐变的影响

3.2　数值模拟分析

本节针对之前分析的结合剪力墙实例，使用有限元软件 ANSYS 进行数值模拟，将模拟结果与理论计算结果进行对比验证。

3.2.1　纤维模型

纤维模型[28] 又称截面离散单元，是钢筋混凝土结构非弹性分析中最为细化并接近实际受力性能的分析模型，应用较为广泛。其原理是将构件纵向分割成若干段，以每一段中间某一截面的变形代替该段的变形，在此截面上又划分成若干混凝土纤维和钢筋纤维，纤维单元的受力状态仅为一维，同时忽略剪切变形和钢筋粘结滑移的影响，根据平截面假定来确定纤维的应变。在假定截面上每根纤维应变分布均匀、处于单轴应力应变状态，可根据相应纤维材料单轴应力应变关系来计算整个截面的力与变形的关系。与直接基于截面的恢复力模型相比，根据各纤维材料的应力应变关系来确定整个截面的力与变形关系的做法，能更为客观、真实地模拟截面的实际受力性能，特别是对模拟变化轴力、弯矩相互作用下柱子的非线性受力，以及双向弯曲和变轴力共同作用下柱子的地震反应方面具有明显的优势。此外，通过记录和追踪截面关键点处纤维材料的应力应变关系，可以对构件和结构的非线性反应规律有更为深入的了解和把握[50]。

纤维模型共有两个基本假定[52]：

（1）采用平截面假定，认为任一截面在整个单元变形期间均保持为平面并与纵轴正交，即不考虑剪切与扭转变形对截面变形的影响；

（2）每根纤维处于单轴应力状态，截面力与变形之间的非线性关系能完全根据相应纤维材料的单轴应力应变的非线性关系来计算。

装配整体式混凝土结构中的剪力墙等构件通常是由预制墙体和后浇段混凝土组合而成的。预制墙体通常采用蒸汽养护方式，使混凝土更快地具备初始强度，加快模具周转，同时也改变了其长期性能，收缩徐变较小；而后浇段混凝土则采用自然养护，且两部分混凝土的加载龄期也有着较大差别。因此，在装配式混凝土结构中，预制部分、后浇部分和钢筋均有着不同的本构关系，需分别考虑。同时，在具体的装配式施工过程中，可能出现预制构件吊装几层后再浇筑后浇段混凝土的情况，这种施工过程会导致下层受力构件中产生持续的偏心压力，这种偏心压力同样会造成构件截面的收缩徐变不均匀，进而导致水平构件产生附加内力[51]。

针对上述情况，本节采用基于纤维模型的收缩徐变计算方法，该方法可以准确地计算出任意受力状态下任意截面形式的组合构件的收缩徐变值。

（1）纤维单元划分

使用纤维模型计算装配式构件收缩徐变，首先需要对构件的截面进行纤维单元的划分。纤维模型的计算精度与截面划分的纤维数目和纤维的划分方式紧密相关，需根据截面内不同材料的组成以及受力特点来进行截面的纤维划分。一般来说，可采用较为均匀的划分方式，将截面离散化为核心区混凝土纤维、外围混凝土纤维和钢筋纤维，如图 3-5 所示[52]。对于纤维划分数量的问题，显然采用较多的纤维将有助于提高积分计算的精度但同时也会带来计算时间的增长。计算实践表明，由于截面在模型化的过程中不可避免地存在一定模型误差，当离散的纤维数目达到某个值时，积分方法产生的数值误差将不再显著，因而截面离散的纤维数目并不像想象中那么多，一般在多轴应力状态下，对于常见的矩形截面，纤维数目达到 40 左右即可获得足够的精度[52]。

对于本章所研究的装配整体式混凝土剪力墙，则主要根据以下两个原则来进行划分：

首先，因材料的弹性模量以及收缩徐变参数不同，预制构件、后浇混凝土部分以及钢筋要划分为不同的纤维，可以将钢筋按面积与形心相等的原则简化为矩形或环形的带状区域。

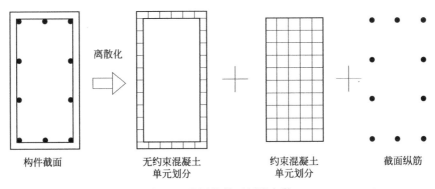

图 3-5　常用的截面纤维离散

其次，对于不同的受力方式，纤维划分的简化程度不同。轴心受压构件可仅按照材料的不同以及收缩徐变参数的不同划分纤维，而偏心受压构件则可根据偏心力的作用位置划分纤维单元。在装配式剪力墙构件中，偏心力通常作用在截面的纵向轴线上，则相同材料垂直于纵向轴线方向的应力是相同的，可以将纤维单元沿着该轴线均匀划分。

按照上述两项原则，对带后浇段的装配式混凝土剪力墙进行纤维划分，划分情况如图 3-6 所示。其中图 3-6（a）为轴心受压情况下的截面纤维模型划分方式，而图 3-6（b）为偏心受压情况下的截面纤维模型划分方式，其中钢筋纤维已按照面积与形心相等的原则简化为带状纤维。

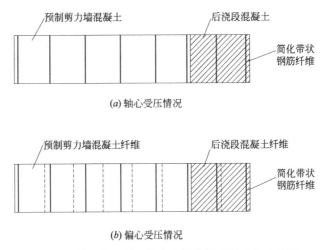

图 3-6　装配式混凝土剪力墙纤维模型划分方式示例

（2）计算初始弹性应变

在恒定外力的作用下，结构构件会产生初始的弹性应变，首先按照纤维模型方法以及平截面假定计算出构件的初始弹性应变。其中，混凝土强度等级均为 C40，钢筋均为 HRB400，计算弹性应变过程中所采用的本构关系如图 3-7、图 3-8 所示。

（3）计算收缩徐变应变

根据构件的弹性应变和材料的弹性模量可以计算出纤维单元的初始应力。假定纤维单元都是轴向受压的，这样根据初始应力，就可以按照收缩徐变模型的公式计算出纤维单元

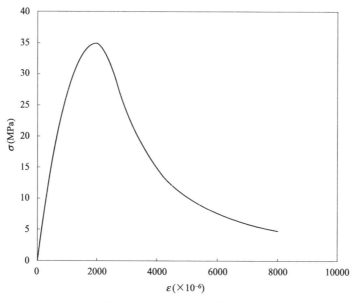

图 3-7　C40 混凝土本构关系

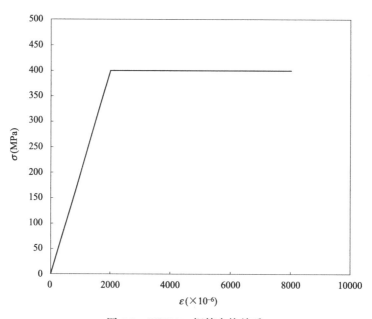

图 3-8　HRB400 钢筋本构关系

的收缩徐变应变。因 Bazant 提出的 B3 模型公式概念明确、物理意义清晰，在上一章的蒸养混凝土收缩徐变试验中也与试验结果较为接近，本节中的收缩徐变模型采用 B3 模型。

（4）计算截面的总应变

通过 B3 模型计算出每个纤维单元的总应变值后，根据总应变值，计算得出纤维的虚拟应力值，通过应力积分可得到构件截面的虚拟力，进而可以根据虚拟力计算得到整体截面的总应变。

（5）计算流程总结[28]

纤维模型方法计算装配式构件收缩徐变的计算步骤和每步的输出值如图 3-9 所示。

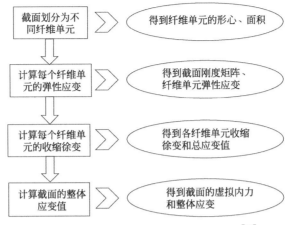

图 3-9　基于纤维模型计算方法的流程图[28]

3.2.2　素混凝土剪力墙轴心受压模拟结果对比

为验证 3.2.1 节的理论推导结果，本节使用纤维模型计算方法对上文算例进行数值模拟，并将模拟结果与理论计算结果进行对比。因理论推导的过程中忽略了钢筋的影响，故本节首先考虑素混凝土剪力墙在轴心受压的情况。

由于本算例中的装配式剪力墙构件为素混凝土构件，且处于轴心受压状态，因此计算方法可按照 3.1.3 节中的内容作如下简化，将纤维模型计算方法简化为分块模型：

（1）单元划分。因本算例中，受力情况为轴心受压，纤维受力状态均为单轴受力，所以将截面分为两个单元即可，即预制部分混凝土单元 1 和后浇部分混凝土单元 2，见图 3-10。

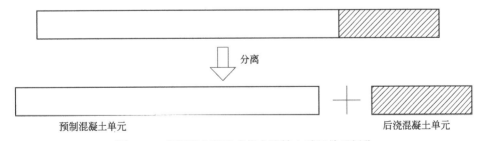

图 3-10　素混凝土装配式剪力墙轴心受压单元划分

（2）计算各单元的弹性应变值。由于构件截面只受到轴向均布压力，两个单元的弹性应变值均为：

$$\varepsilon_0 = \frac{N}{E_1 A_1 + E_2 A_2} \tag{3-7}$$

式中　E_1、A_1——预制部分混凝土的弹性模量与面积；

　　　　E_2、A_2——后浇部分混凝土的弹性模量与面积，这里的弹性模量需考虑其时变性能。

（3）计算各单元的收缩徐变值。按照 B3 模型分别计算预制部分混凝土和后浇部分混凝土的收缩徐变值，得到预制部分混凝土收缩 ε_{sh1}、徐变 ε_{cr1}，后浇部分混凝土收缩 ε_{sh2}、徐变 ε_{cr2}。

（4）计算截面整体应变值。首先计算每个单元的总应变值：

$$\varepsilon_1 = \varepsilon_0 + \varepsilon_{sh1} + \varepsilon_{cr1} \tag{3-8}$$

$$\varepsilon_2 = \varepsilon_0 + \varepsilon_{sh2} + \varepsilon_{cr2} \tag{3-9}$$

然后计算每个单元的虚拟内力：

$$\sigma_1 = E_1 \varepsilon_1 \tag{3-10}$$

$$\sigma_2 = E_2 \varepsilon_2 \tag{3-11}$$

然后计算截面的虚拟力：

$$N' = \sigma_1 A_1 + \sigma_2 A_2 \tag{3-12}$$

进而得到整个截面的应变：

$$\varepsilon = \frac{N'}{E_1 A_1 + E_2 A_2} \tag{3-13}$$

两个单元的虚拟应力之差即为预制墙体和后浇墙体结合面上的剪应力：

$$\tau = \sigma_1 - \sigma_2 \tag{3-14}$$

按照上述方法模拟得到结合面上剪应力 $\tau = 0.36\text{MPa}$，与理论计算结果差别小于 10%。同时得到剪力墙变形如图 3-11 所示，从图中可以看出，结合剪力墙徐变的 ANSYS 模拟结果与按照 B3 模型中的徐变模型计算结果基本一致，徐变均在加载初期快速增长，增速随时间变化而逐渐减缓，徐变终值均在 2.6mm 左右。

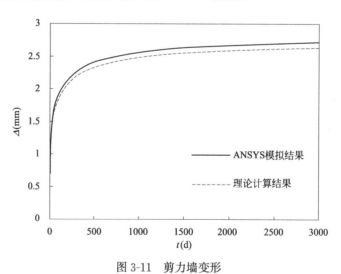

图 3-11　剪力墙变形

因本算例中预制混凝土单元与后浇混凝土单元应力状态和材料特性都较为简单，所以只分为两个单元进行模拟。为验证这种简单的分块模型划分方式的准确性，对上述两个单元进行进一步的离散和模拟，将预制混凝土单元进一步划分为五个单元，单元长度为 400mm，后浇混凝土单元进一步划分为两个单元，单元长度为 500mm，如图 3-12 所示。模拟结果如图 3-13 所示，纤维模型模拟结果略大于粗糙划分的分块模型模拟结果，但两种划分方法下的模拟结果相差仅 3.5%，在 5% 以内，可认为在纤维模型的计算方法中，可以仅按照受力状态和材料特性对截面进行划分。

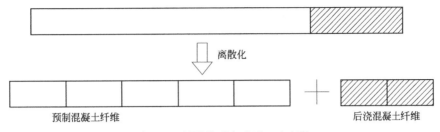

图 3-12　纤维模型方法进一步离散

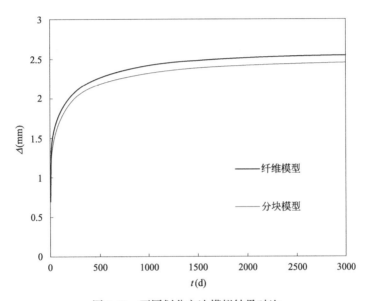

图 3-13　不同划分方法模拟结果对比

3.2.3　钢筋混凝土剪力墙模拟

本节进一步考虑配筋的装配式混凝土剪力墙的收缩徐变效应。钢筋和混凝土是性质不同的两种材料，收缩徐变导致钢筋和混凝土之间内力重分布。因此本节为上文中带后浇段的装配式素混凝土剪力墙算例设计配筋，使用分块模型计算方法对其在轴心受压情况下的收缩徐变进行模拟，并与素混凝土剪力墙的模拟结果进行对比，以研究配筋对装配式钢筋混凝土剪力墙构件收缩徐变效应的影响。同时尝试变换剪力墙的纵向钢筋配筋率，深入研究配筋率对其影响。

在此算例中，剪力墙竖向受力钢筋和箍筋均采用 HRB400 级热轧钢筋。预制剪力墙中共包含 20 根直径 8mm 的竖向受力钢筋，两排布置，每排内钢筋间距为 250mm。后浇段内共包含 12 根直径 8mm 竖向受力钢筋，同样两排布置，每排内钢筋间距为 150mm。墙内箍筋均为直径 6mm，间距 200mm，如图 3-14 所示。

本节的算例依然可按照 3.1.3 节中的分块模型方法进行计算。

（1）单元划分。在轴心受压的情况下，将截面分为三个单元即可，即预制部分混凝土

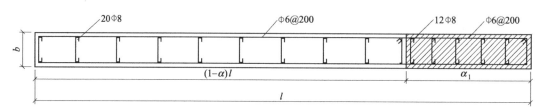

图 3-14　剪力墙算例配筋示意图

单元 1、后浇部分混凝土单元 2 和钢筋单元 3，如图 3-15 所示。

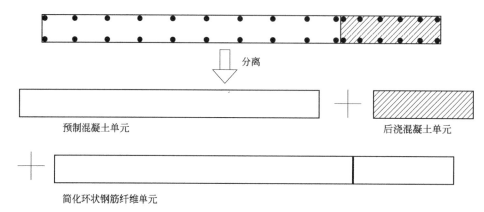

图 3-15　配筋混凝土装配式剪力墙轴心受压单元划分

（2）计算各单元的弹性应变值。由于构件截面只受到轴向均布压力，两个纤维单元的弹性应变值均为：

$$\varepsilon_0 = \frac{N}{E_1 A_1 + E_2 A_2 + E_s A_s} \tag{3-15}$$

式中　E_1、A_1——预制部分混凝土的弹性模量与面积；

E_2、A_2——后浇部分混凝土的弹性模量与面积，这里的混凝土弹性模量需考虑其时变性能；

E_s、A_s——钢筋的弹性模量和面积。

（3）计算各单元的收缩徐变值。按照 B3 模型分别计算预制部分混凝土和后浇部分混凝土的收缩徐变值，得到预制部分混凝土收缩 ε_{sh1}、徐变 ε_{cr1}，后浇部分混凝土收缩 ε_{sh2}、徐变 ε_{cr2}。由于钢材不产生收缩徐变，因此其收缩徐变值为 0。

（4）计算截面整体应变值。首先计算每个单元的总应变值：

$$\varepsilon_1 = \varepsilon_0 + \varepsilon_{sh1} + \varepsilon_{cr1} \tag{3-16}$$

$$\varepsilon_2 = \varepsilon_0 + \varepsilon_{sh2} + \varepsilon_{cr2} \tag{3-17}$$

$$\varepsilon_s = \varepsilon_0 \tag{3-18}$$

然后计算每个单元的虚拟内力：

$$\sigma_1 = E_1 \varepsilon_1 \tag{3-19}$$

$$\sigma_2 = E_2 \varepsilon_2 \tag{3-20}$$

$$\sigma_s = E_s \varepsilon_s \tag{3-21}$$

然后计算截面的虚拟力：

$$N' = \sigma_1 A_1 + \sigma_2 A_2 + \sigma_s A_s \tag{3-22}$$

进而得到整个截面的应变:

$$\varepsilon = \frac{N'}{E_1 A_1 + E_2 A_2 + E_s A_s} \tag{3-23}$$

计算结果如图 3-16 所示。由图可知,素混凝土剪力墙的收缩徐变应变值小于配筋混凝土剪力墙收缩徐变应变值,但两者弹性瞬时应变差别很小。由此可知,对于装配式混凝土剪力墙构件来说,配筋对于减小混凝土弹性应变的影响很小,但是可以显著减小混凝土的收缩徐变效应。

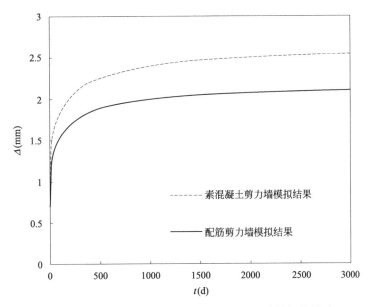

图 3-16 配筋剪力墙模拟结果与素混凝土剪力墙模拟结果对比

为进一步研究钢筋对装配式混凝土剪力墙徐变的影响,本节变换剪力墙内的纵向受力钢筋直径,模拟不同配筋率的装配式混凝土剪力墙徐变的区别。计算结果如图 3-17 所示,当纵向钢筋直径增大到 10mm 和 12mm 时,配筋率由 0.27% 增大至 0.42% 和 0.60% 时,徐变逐渐减小。由此可知,随着纵向受压钢筋配筋率的增大,徐变减小量也逐渐增大。

3.2.4 钢筋混凝土剪力墙偏心受压情况模拟

在装配式施工过程中,预制构件吊装和后浇段施工顺序可能会导致剪力墙出现偏心受压的情况[1]。故本节在上述算例的基础上将截面弯矩增加为 $M = 500\text{kN} \cdot \text{m}$。

本算例的求解同样依据 3.1.3 节中基于纤维模型的计算方法进行计算:

(1) 划分纤维单元。在偏心受压的情况下,不仅要将预制混凝土、后浇混凝土和钢筋划分为不同的单元,还要沿弯矩所在轴线将整个截面都均匀地划分为多个纤维单元。具体的截面纤维单元划分如图 3-18 所示。

(2) 计算纤维单元的弹性应变值。提取纤维单元的面积、形心和弹性模量,即可得到各纤维单元的刚度,再按照截面所受内力进行计算,即可得到每个纤维单元的弹性应变[28]。

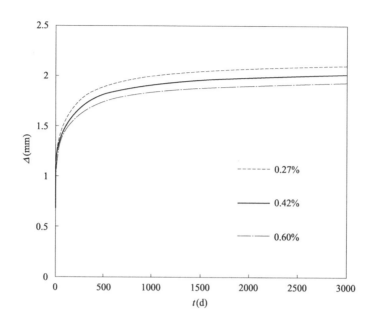

图 3-17 不同配筋率装配式剪力墙的徐变对比

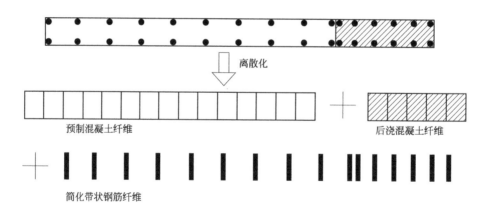

图 3-18 配筋混凝土装配式剪力墙偏心受压纤维单元划分

截面距离形心处的纤维应变 ε 可以用截面形心位置的轴向应变ε_0和绕截面轴线的曲率φ_0 表达为：

$$\varepsilon = [1, x]\begin{pmatrix} \varepsilon_0 \\ \varphi_0 \end{pmatrix} \tag{3-24}$$

因截面混凝土和纤维的应力应变本构关系已知，则应力 σ 可以通过弹性模量 E 求得：

$$\sigma = E[1, x]\begin{pmatrix} \varepsilon_0 \\ \varphi_0 \end{pmatrix} \tag{3-25}$$

各纤维的应力所引起的截面轴力和弯矩可通过积分求得：

$$\binom{N}{M}=\begin{pmatrix}\int\sigma\mathrm{d}A\\\int\sigma x\mathrm{d}A\end{pmatrix}=\int\left[1,x\right]E\left[1,x\right]^{T}\mathrm{d}A\binom{\varepsilon_0}{\varphi_0}=K\binom{\varepsilon_0}{\varphi_0} \qquad (3\text{-}26)$$

式中　K——截面的刚度矩阵。

$$K=\begin{pmatrix}\int E\mathrm{d}A & \int Ex\mathrm{d}A\\\int Ex\mathrm{d}A & \int Ex^2\mathrm{d}A\end{pmatrix}=\begin{pmatrix}\sum E_iA_i & \sum E_iA_ix_i\\\sum E_iA_ix_i & \sum E_iA_ix_i{}^2\end{pmatrix}(i=1,\cdots,n) \qquad (3\text{-}27)$$

式中　A_i——第 i 个纤维单元的截面面积；

　　　x_i——第 i 个纤维单元到截面形心的距离。

通过矩阵求逆可以得到截面的柔度矩阵 K^{-1}，然后即可由截面所受的力求得构件截面的弹性应变：

$$\binom{\varepsilon_0}{\varphi_0}=K^{-1}\binom{N}{M} \qquad (3\text{-}28)$$

（3）计算纤维单元的收缩徐变值。按照 B3 模型计算各纤维单元的收缩徐变值，钢筋纤维的收缩徐变值为 0。

（4）计算截面整体应变值。

根据每个纤维模型的总应变值计算出纤维的虚拟应力 $\sigma_i{}'=E_i\varepsilon_i$，然后通过虚拟应力积分得出构件截面上的虚拟力：

$$\binom{N'}{M'}=\begin{pmatrix}\int\sigma'\mathrm{d}A\\\int\sigma'x\mathrm{d}A\end{pmatrix}=\begin{pmatrix}\sum\sigma_i{}'A_i\\\sum\sigma_i{}'xA_i\end{pmatrix} \qquad (3\text{-}29)$$

然后由截面的柔度矩阵求出纤维截面的应变值：

$$\binom{\varepsilon_0}{\varphi_0}=K^{-1}\binom{N'}{M'} \qquad (3\text{-}30)$$

计算结果如图 3-19、表 3-1 所示。

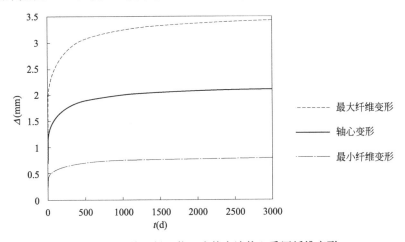

图 3-19　配筋混凝土装配式剪力墙偏心受压纤维变形

配筋混凝土装配式剪力墙偏心受压应变值　　　　　　表 3-1

	轴心应变	截面曲率
弹性应变	2.37×10^{-4}	3.42×10^{-5} m
总应变	4.7×10^{-4}	5.46×10^{-5} m
总应变/弹性应变	1.98	1.89

　　由以上可知，在出现偏心受力的情况下考虑收缩徐变时，不同纤维之间的变形差别较大，其中右侧边缘的后浇混凝土纤维变形最大，达到 3.42mm，而左侧边缘的预制混凝土纤维变形最小，仅为 0.79mm。这也导致装配式钢筋混凝土剪力墙不仅在竖向应变上产生较大的影响，截面曲率也增大了 1.89 倍，其变化规律与竖向应变相似。因此，收缩徐变对于剪力墙截面的弯曲变形同样有着较大的影响，在施工过程中出现偏心荷载作用时应对截面曲率予以充分的考虑。

3.2.5　钢筋混凝土剪力墙考虑具体施工情况的模拟

　　在装配式剪力墙的施工过程中，是逐层进行施工的，因此荷载也是逐层增加的，与上节算例中的一次性加载不同[2]。故本节在之前算例的基础之上考虑具体情况，变换加载方式，假设 5d 一层进行施工，共施工二十层，模拟 100d 的剪力墙竖向变形，并与一次性加载进行对比。因轴压比为 0.4，一次性加载时共加载 8MPa 的均布荷载，所以逐层加载时，每一级加载 0.4MPa，加载机制如图 3-20 所示。

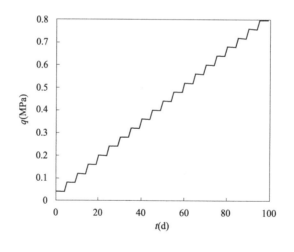

图 3-20　加载机制示意图

　　模拟结果如图 3-21 所示，考虑逐层加载的剪力墙竖向变形较一次性加载的变形要小，且两者差值在施工初期迅速增大，其中最大时达到 1.02mm，之后则逐渐减小，在施工结束时下降到 0.17mm。这是因为虽然总荷载相同，但逐层加载时，后加荷载的持荷时间较短，所产生的徐变也较小，故 100d 时的竖向变形要小于一次性加载。在此算例中两种加载方式造成的差别最大仅在 1mm 左右，但在多层结构的计算中，这一数值会累积增大，故在结构系统的时变效应分析中应考虑不同加载方式的影响。

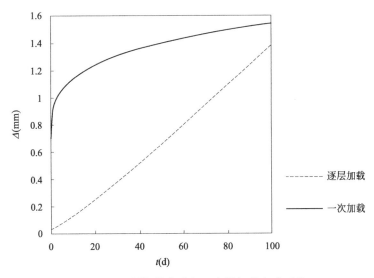

图 3-21　逐层加载方式与一次性加载方式对比

3.3　本章小结

　　针对带后浇段的装配整体式混凝土剪力墙的徐变效应进行了深入研究。首先通过理论推导分析了结合面之间的剪应力和竖向应变，讨论了相关参数对徐变的影响，认为徐变随后浇部分比值的增大而增大，随两部分加载龄期差值的增大而减小，并据此提出了带后浇段的装配整体式混凝土剪力墙的竖向应变和接触面剪应力的计算方法。

　　进而采用纤维模型分析方法对剪力墙徐变效应进行数值模拟，该方法考虑到装配式混凝土结构中预制构件和后浇段等各部分混凝土及钢筋的收缩徐变参数不同，进而需要将截面离散成多个纤维单元分别进行计算。通过该方法对素混凝土剪力墙轴心受压情况、钢筋混凝土剪力墙轴心受压情况、钢筋混凝土剪力墙偏心受压情况和钢筋混凝土剪力墙考虑具体施工加载情况分别进行模拟。从模拟结果中可以看出：配筋对于减小剪力墙构件弹性应变的影响很小，但是可以显著减小其收缩徐变效应，且随着纵向钢筋配筋率的增大，徐变减小量也逐渐增大；当偏心受力时，装配式剪力墙不仅在竖向应变上受到收缩徐变的影响，截面曲率也有较大增长，因此在施工过程中出现偏心荷载作用时应对截面曲率予以充分的考虑；在考虑具体施工中逐层加载的情况时，剪力墙的竖向变形将小于一次性加载的模拟结果。

第4章 装配式混凝土结构系统时变效应分析

4.1 结构系统时变效应分析

结构系统的时变效应分析包括弹性时变效应分析与非弹性时变效应分析[3]。

弹性时变效应包括材料时变效应、荷载时变效应和结构时变效应。传统的时变效应分析中仅考虑弹性时变效应,在不考虑非弹性变形影响的情况下,通过对施工过程的模拟进行时变分析,进而得到结构的时变响应。但是结构本身是会受到非弹性变形作用的,非弹性的变形作用会进一步影响结构内力的分配,从而导致只考虑弹性时变效应的传统分析方法得出的结构响应时程与结构实际的响应时程有着较大的误差,不满足工程设计与施工控制的需要[56,57]。

非弹性时变效应主要包括收缩效应、徐变效应、温度效应和地基沉降等。其中收缩效应和温度效应引起的变形与构件的内力无关,其引起的时变作用也不会与弹性时变效应产生耦合作用。对于此类作用,为考虑其在施工过程中对结构产生的影响,可直接将这类变形视为结构受到的作用即可,即将变形直接以外荷载的形式作用于结构上。这种方法直接将非弹性时变效应的影响施加到了时变分析中,处理起来较为简单[28,58]。

而徐变效应和地基沉降效应则受构件内力的影响较大,所产生的变形将与结构的内力响应发生耦合作用。若要考虑两者之间的相互影响则相对复杂,结构不同构件之间的徐变、沉降变形作用会影响结构的内力分布,同时结构内力的重分布也会影响构件的非弹性变形,这种随时间不断变化的变形作用与结构内力响应之间的关系即为时变耦合效应。

在以上时变效应分析的基础之上,即可将计算结果运用于结构施工过程中的施工控制。装配整体式混凝土结构的施工控制包括结构标高控制、灌浆套筒滞后层数控制等。

以上即为装配式混凝土结构系统时变效应分析的全部内容,如图 4-1 所示[28]。

4.1.1 弹性时变效应

结构系统的弹性时变效应分析需要综合考虑材料时变性、荷载时变性与结构时变性三个方面[59,60]。

(1)材料时变性

材料时变性即为材料强度与弹性模量随时间的变化而变化。在计算构件的弹性时变变形时,不能简单按照规范规定的混凝土弹性模量取值进行计算,因为结构在施工过程中混凝土是逐渐凝固的,其弹性模量与抗压强度均随时间变化,因此在计算竖向构件弹性变形时需要根据时间计算混凝土时变的弹性模量值。

混凝土的弹性模量与抗压强度均随时间而发生变化。选取 B3 模型[35] 中的混凝土弹性模型计算公式进行计算,如图 4-2 所示。

(2)荷载时变性

荷载时变性即荷载随结果的变化而逐步加载。

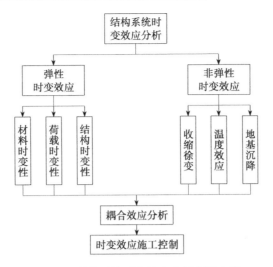

图 4-1　结构系统时变效应分析主要内容

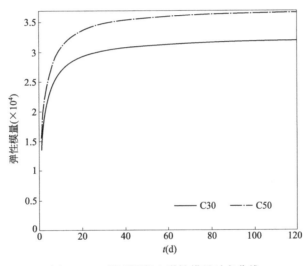

图 4-2　B3 模型混凝土弹性模量时变曲线

结构在施工阶段所受到的荷载主要包括竖向荷载、水平荷载以及非荷载效应，其中竖向荷载与水平荷载的时变性一般是线弹性的，而非荷载效应的时变性包括混凝土的徐变收缩作用、温度作用以及基础的不均匀沉降，这些作用所引起的结构时变效应都是非弹性的。

竖向荷载的时变效应主要体现于结构的施工过程中。高层建筑的总竖向荷载中，自重占的比例很高，而且是逐层施工完成的，其竖向刚度和竖向荷载也是逐层形成的，在每层施工时，楼层标高又需要逐层补偿，以抵消已经发生和即将发生的变形。所以在高层结构设计中，计算竖向荷载时变效应时，应考虑施工过程对结构时变效应的影响。

（3）结构时变性

结构时变性即结构在施工过程中是逐层形成的，在分析时需进行施工过程模拟。

结构时变性主要体现在施工顺序上，施工过程中，主体结构逐层形成，荷载也逐层形成。随着结构高度的增加，结构特性（周期、振型、刚度等）也不断发生变化。

4.1.2　非弹性时变效应

对于非弹性时变效应的影响，主要研究收缩和徐变效应。混凝土收缩徐变变形对整体结构的影响主要包括竖向构件的差异变形与水平构件的时变内力影响两个方面，为避免这些影响对高层建筑施工与使用带来不利，目前有两种主要的解决方案，一种是"控制"，即通过合理的分析与计算来预测竖向构件的差异变形量，然后采用标高补偿的方式减少差异变形对水平构件内力的影响；另一种是"抵抗"，即准确计算出竖向构件差异变形在水平构件中产生的时变内力，通过合理设计提高水平构件的承载力，进而预防这种时变内力给整体结构带来的安全隐患[61,62]。

4.1.3　耦合效应分析

结构不同构件间的非弹性变形作用会影响结构的内力分布，同时内力的重分布也会再次影响构件的非弹性变形，这种随时间不断变化的变形作用与结构内力之间的循环作用可称为耦合效应[63]。高层建筑结构耦合作用的产生主要有以下原因：

（1）高层建筑结构施工周期长，施工过程具有时变性；

（2）高层建筑结构的结构体系属于复杂超静定结构体系；

（3）混凝土材料的徐变作用与结构的差异沉降作用导致整体结构的应力历史与应变历史密切相关[64,65]。

以上三个因素综合作用导致高层建筑结构的响应和变形作用不断地发生变化，在变化过程中又相互耦合，使得其时变分析变得十分复杂[4]。计算的步骤可以概括为运用施工模拟方法计算结构内力时程，然后在每一施工步时间内将变形作用时程施加到结构上，以此考虑应力与徐变的相关性。具体的分析过程如图 4-3 所示[28]。

目前关于结构时变效应的耦合作用已有一些研究，但这些研究通过迭代考虑耦合效应，需要多种计算软件互相调用，计算过程较为繁琐，较难应用于工程实际当中。而且，在耦合效应的迭代过程中，前几步的影响较大，而在趋于收敛的过程中耦合效应的影响已逐渐微小。所以对耦合效应进行简化考虑，仅计算迭代前几步的影响，通过有限元程序进行结构的施工模拟和内力计算，并通过内力结构计算基于纤维模型和 B3 模型的结构收缩徐变变形，再将得到的变形重新施加于结构上重新计算结构的内力。这种计算方法虽然降低了考虑耦合效应的精确性，但大幅度降低了计算的工作量和难度。

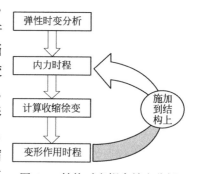

图 4-3　结构时变耦合效应分析

本节以第 n 施工步为例，说明考虑耦合效应的简化计算方法。在进行到第 n 施工步时，需将前 n 个施工步试件段内结构构件的非弹性变形换算成等效节点荷载 F 施加于结构中，并重新计算其变形，如式（4-1）所示。

$$K^n \Delta L^n = F^n \tag{4-1}$$

式中　K^n——第 n 施工步状态下结构的刚度矩阵；

　　　ΔL^n——结构在第 n 施工步状态下由于构件的收缩变形作用后产生的变形增量。

然后再通过几何和物理方程得出由于变形 ΔL^n 作用产生的构件的应变增量和应力增量：

$$\Delta \varepsilon^n = B^n \Delta L^n \tag{4-2}$$

$$\Delta \sigma^n = E^n \Delta L^n \tag{4-3}$$

式中　$\Delta \varepsilon^n$——第 n 施工步构件的应变增量；

　　　$\Delta \sigma^n$——第 n 施工步构件的应力增量；

　　　B^n——第 n 施工步结构几何方程的算子矩阵；

　　　E^n——第 n 施工步结构物理方程的弹性矩阵。

进而可以得到第 n 施工步产生的总应变、总变形和总应力分别为：

$$L_n = L^n + \Delta L^n \tag{4-4}$$

$$\varepsilon_n = \varepsilon^n + \Delta \varepsilon^n \tag{4-5}$$

$$\sigma_n = \sigma^n + \Delta \sigma^n \tag{4-6}$$

在施工结束时，最终结构的位移、应变和应力分别为：

$$L = \sum_{n=1}^{N} L_n \tag{4-7}$$

$$\varepsilon = \sum_{n=1}^{N} \varepsilon_n \tag{4-8}$$

$$\sigma = \sum_{n=1}^{N} \sigma_n \tag{4-9}$$

具体计算流程如图 4-4 所示[28]。

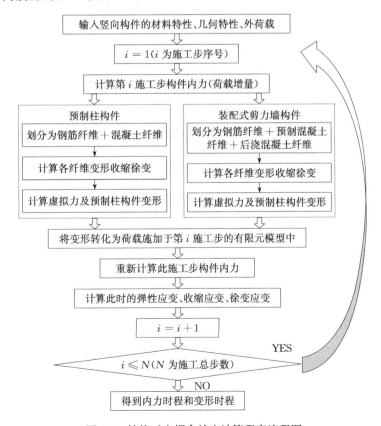

图 4-4　结构时变耦合效应计算程序流程图

4.2 装配式剪力墙结构算例分析

为探究在装配式混凝土剪力墙结构中存在的相关问题，本节设计了装配式混凝土剪力墙结构算例进行分析。结构如图 4-5 所示，由四面预制剪力墙组成，其中两面预制剪力墙（1）、（2）高 3000mm，长 4000mm，厚 200mm，并在墙上开设 1000mm×2000mm 的孔洞，另外两面预制剪力墙（3）、（4）高 3000mm，长 2000mm，厚 200mm，无孔洞，预制墙体之间均通过后浇段进行连接，后浇段长度为 1000mm，墙体配筋采用与上一章算例中剪力墙相同的配筋方式。模拟情况为结构底层，并假设 5d 一层进行施工，共施工二十层，采用逐层加载的加载方式，每一级加载 0.4MPa，共施加 8MPa 荷载。

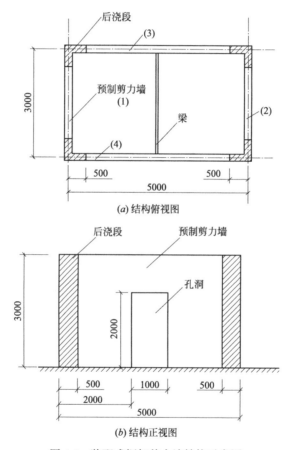

(a) 结构俯视图

(b) 结构正视图

图 4-5　装配式框架剪力墙结构示意图

以上一章的纤维模型分析方法为基础，考虑施工阶段逐层加载以及收缩徐变对结构内力的影响，对算例进行模拟。其中，因纤维模型需要对模型进行纵向离散，不适用于开洞墙体，故对于开洞墙体进行网格划分模拟，并以 100mm 作为单元最大尺寸。

提取剪力墙（1）、（3）的竖向变形数据，发现两者竖向变形终值之间仅相差 8.2%，0.2mm。可知虽然（1）、（2）剪力墙开洞导致其本身力学性能变差，但因其通过后浇段与（3）、（4）剪力墙连接在一起，受到的约束较强，导致其竖向变形与（3）、（4）剪力墙相差不大，如图 4-6 所示。

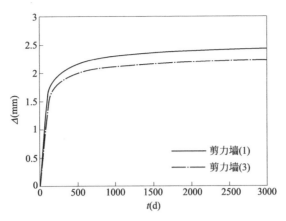

图 4-6 底层不同剪力墙构件竖向变形对比

4.3 装配式框架剪力墙结构算例分析

在上节的装配式剪力墙结构中，不同构件之间差别较小，非弹性变形导致的内力重分布和耦合效应均不明显。所以本节进一步设计了装配式框架剪力墙结构算例，虽然装配式框架剪力墙结构还未在相关规范中明确给出，但随着装配式结构的不断发展和装配式结构技术的不断创新，装配式框架剪力墙结构应会在施工中出现。而对于装配式框架剪力墙结构，预制剪力墙和预制柱之间差别较大，其耦合效应值得研究。

本节设计的装配式框架剪力墙结构如图 4-7 所示，由三面预制剪力墙和两根预制柱组成，不同构件之间通过梁进行连接。其中预制剪力墙高 3000mm，长 3000mm，厚 200mm，通过后浇段进行连接，后浇段长度为 1000mm，配筋采用与上一章算例中剪力墙相同的配筋方式；预制柱构件高 3000mm，截面为 400mm×400mm 的正方形，配筋采用 HRB400 级热轧钢筋，每根柱内布置 10 根直径 25mm 的竖向受力钢筋，箍筋采用连续复合十字箍，箍筋直径为 8mm，间距为 100mm。

模拟情况为结构底层，并假设 5d 一层进行施工，共施工二十层，采用逐层加载的加载方式，每一级加载 0.4MPa，共施加 8MPa 荷载。

4.3.1 内力时程

以上一章的纤维模型分析方法为基础，考虑施工阶段逐层加载以及收缩徐变对结构内力的影响，可以分别得到结构中剪力墙和柱的内力时程如图 4-8、图 4-9 所示。

从图中可以看出，在施工阶段，剪力墙和柱的内力均随楼层的增加而不断增加，耦合效应对这一阶段的构件内力影响不大。但是在使用阶段，收缩徐变作用持续增大，且剪力墙构件的收缩徐变作用大于柱构件，使得耦合效应对构件内力的影响开始显现，因柱的刚度要大于剪力墙，故两个构件之间发生内力重分布，剪力墙的内力随时间逐渐减小，而柱的内力随时间而逐渐增大。

4.3.2 竖向变形时程

继续对结构的竖向变形时程进行分析，分别计算剪力墙和柱的弹性变形、收缩变形、

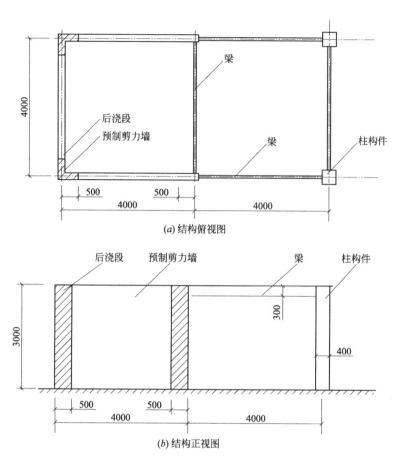

图 4-7　装配式框架剪力墙结构示意图

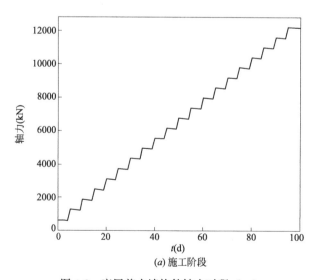

图 4-8　底层剪力墙构件轴力时程（一）

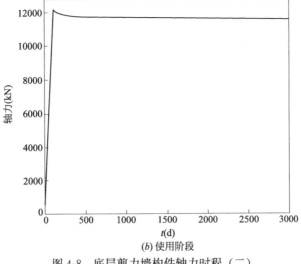

(b) 使用阶段

图 4-8 底层剪力墙构件轴力时程（二）

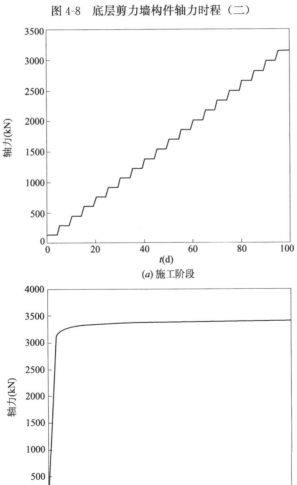

(a) 施工阶段

(b) 施工阶段

图 4-9 底层柱构件轴力时程

徐变变形和总变形，计算结果如图 4-10、图 4-11 所示。由图可知，柱和剪力墙的收缩变形均小于徐变变形，收缩徐变变形均随时间增长而不断增大，弹性应变在荷载施加完成前逐层增大，在荷载施加完毕后则因耦合效应的存在而稍有变化。

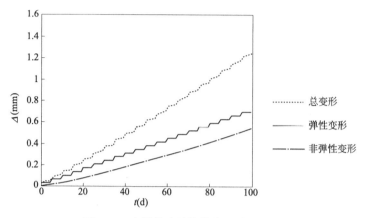

图 4-10 底层剪力墙构件施工阶段变形

由图 4-12 可知，底层柱构件与剪力墙构件的总变形有着较大的差异，达到 0.42mm，相差 25.3%，因此在施工时需考虑是否对这部分变形进行标高补偿。

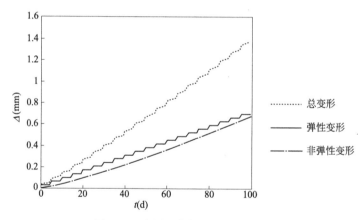

图 4-11 底层柱构件施工阶段变形

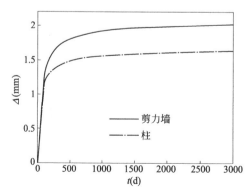

图 4-12 底层墙柱构件使用阶段竖向变形对比

4.4　标高补偿

在上一节的算例中，装配式剪力墙结构的底层模拟结果表明，在使用阶段中，装配式剪力墙构件和预制柱构件的变形值会达到 0.42mm，相差 25.3%。当结构层数进一步增大时，由于累积效应，混凝土的收缩徐变引起的竖向变形差异会随着建筑高度的增加而增加。另外，由于结构受力变得更加复杂，不同构件施工时间的先后差别也会导致竖向变形不同。同时施工过程中，由于受到桩基不均匀沉降、温度荷载等影响，会进一步导致不同构件竖向变形的差异。因此，在超高层建筑中，这种不同构件之间的竖向变形差异是不可忽略的。

根据国家现行规范规程关于高层混凝土结构验收的规定，楼面标高控制的方法有如下三种：相对标高控制、设计标高控制、绝对标高控制[50]。

(1) 相对标高控制：控制每层的层高施工和安装误差。不考虑焊缝的收缩变形和荷载引起的压缩变形对层高的影响。建筑物总高度误差不超过各层允许偏差和压缩变形累积总和即可。

(2) 设计标高控制：控制建筑楼面设计标高。按土建施工单位提供的基础标高施工，各层层高的总和应符合设计要求的总高度，结构施工完成后，结构的总高度应符合设计要求的总高度。

(3) 绝对标高控制：控制建筑楼面绝对标高，考虑基础沉降和每层因焊缝收缩变形和荷载引起的压缩变形进行补偿，结构施工完成后，结构关键楼层及屋面的绝对标高应符合设计要求的绝对标高值。

目前我国现行的规范规程关于结构楼面标高的控制主要采用设计标高控制。《高层建筑混凝土结构技术规程》JGJ 3—2010 中规定："高层建筑结构施工可采用内控法或外控法进行轴线竖向投测。首层放线验收后，应根据测量方案设置内控点或将控制轴线引测至结构外立面上，并作为各施工层主轴线竖向投测的基准。轴线的竖向投测，应以建筑物轴线控制桩为测站。"规范中关于竖向标高的允许偏差如表 4-1 所示。

竖向标高允许偏差　　　　　　　　表 4-1

项目	允许偏差(mm)	
单层	3	
总高 H(m)	$H\leqslant30$	5
	$30<H\leqslant60$	10
	$60<H\leqslant90$	15
	$90<H\leqslant120$	20
	$120<H\leqslant150$	25
	$H>150$	30

以上节算例得到的底层设计标高误差分别为 2.03mm 和 1.61mm，均未超过 3mm，单层标高误差满足规范要求。

然后对结构总高进行估算验证。对于上部各层，因荷载逐渐减小，可知上部各层变形应逐渐减小，且相关文献中楼层和竖向变形之间的关系与抛物线类似，所以对结构总高进行估算时可将楼层与竖向变形之间的关系简化为斜率逐渐增大的抛物线。以底层的变形和斜率作为已知条件对抛物线系数进行计算,得到本章算例中竖向变形随楼层变化的曲线如图 4-13 所示。在 20 层荷载的情况下,剪力墙和柱的结构总高分别达到了 24.80mm 和 20.41mm,均超过了规范中对于总高 60m 情况下竖向标高误差不得超过 10mm 的要求,需要进行标高补偿。

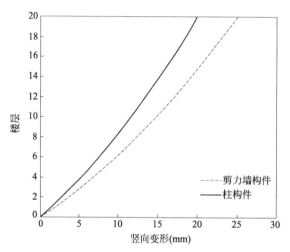

图 4-13   20 层结构不同构件各层总变形

为探究超高层装配式混凝土结构的标高误差,本节将楼层增大为 40 层,高度为 120m,轴压比设置为 0.4,每层荷载为 0.3MPa,共施加 12MPa 的轴向荷载,同时将结构底层墙厚度调整为 400mm。模拟结果如图 4-14 所示,相较于 20 层结构,40 层结构的各层标高都产生了较大的误差,其中底层剪力墙构件的变形超过了规范要求的单层设计标高误差限值 3mm。同时以上述方法对结构各层总高变形进行估计,结果如图 4-15 所示,从图中可以看出 40 层结构中柱构件和剪力墙构件的总高变形误差分别达到了 38.41mm、48.69mm,远远超过了规范中对于 120m 建筑标高误差不超过 20mm 的要求,需要在施工过程中进行标高补偿。

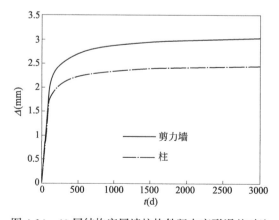

图 4-14   40 层结构底层墙柱构件竖向变形误差对比

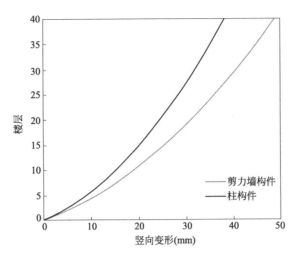

图 4-15　40 层结构不同构件各层总变形

4.5　本章小结

　　装配式混凝土结构系统的时变效应分析包括弹性时变效应分析和非弹性时变效应分析，各种时变效应会在施工过程中随时间不断变化，并不断互相影响，发生耦合效应。本章设计了装配式混凝土剪力墙结构算例和装配式混凝土框架剪力墙结构算例，并考虑耦合效应，对其时变效应进行分析，模拟结果表明，对于装配式混凝土剪力墙结构，后浇段的连接使得不同剪力墙构件之间的内力重分布不明显，耦合效应较小；但对于装配式混凝土框架剪力墙结构，耦合效应会导致结构的内力在加载完成后继续变化，发生内力重分布，不同构件的竖向变形也在施工过程和使用阶段中存在差异，有必要在施工过程中对这部分变形进行标高补偿。

第5章 工程案例分析

5.1 引言

通过第 2 章试验数据与收缩徐变预测模型的对比分析可知，各预测模型中，MC 2010 徐变预测模型和 B3 模型的预测结果与试验结果更为接近。B3 模型考虑了最多的影响因素而计算复杂，相比于其他预测模型，不仅考虑加载龄期、施加应力、持荷时间等因素，还考虑了试件横截面形状、混凝土弹性模量变化等因素，保证了预测的精度，对于不同养护条件下的混凝土徐变都能给出较为准确的预测。第 4 章以 B3 模型和纤维模型为基础进行了有限元模拟分析，实现了装配式混凝土结构系统时变效应分析。

因 B3 模型需要试验测试的参数较多，而国际结构混凝土协会（fib）规范 MC 2010 模型参数少，应用广泛，在国际上具有较高的认可度。考虑实际工程应用的便捷性，本章采用相对简单且较准确的 MC 2010 模型，对高层建筑装配式剪力墙结构及装配式框架剪力墙结构实际工程案例进行施工全过程模拟跟踪，并对结构施工过程中的竖向变形规律进行研究，供同类工程参考。

分析采用美国 Computer and Structures Inc. 的通用有限元软件 SAP2000 V20.2.0。SAP2000 具有完善、直观和灵活的界面，为在交通运输、工业、公共事业、体育和其他领域工作的工程师提供分析引擎和设计工具。在 SAP2000 三维图形环境中提供了多种建模、分析和设计选项，且完全在一个集成的图形界面内实现。SAP2000 是具集成化、高效率和实用的通用结构软件。可以很快地设计出直观的结构模型，完成所有的分析与设计工作，利用内建强大的模板可以完成复杂的建模和网格划分。集成化的设计规范能够自动生成各类荷载，能够用中国规范、美国规范及其他主要国际规范对复杂的钢结构和混凝土结构进行自动化的设计和校核。SAP2000 的分析技术提供了：逐步大变形分析、多重 P-Delta 效应、特征向量和基于非线性工况刚度的 Ritz 向量分析、索分析、纤维铰的材料非线性分析、非线性多层壳单元、Buckling 屈曲分析、逐步倒塌分析、用能量方法进行侧移控制、单拉和单压分析、阻尼器、基础隔震、支座塑性、非线性施工顺序分析等。非线性分析可以是静态的，也可以是时程的，提供快速非线性时程动力分析的 FNA 方法和直接积分方法。从简单的二维框架静力分析到复杂的三维非线性动力分析，SAP2000 可提供简易及高效的结构分析与设计解决方案。

传统的结构设计方法仅对使用阶段的结构在不同工况及其组合作用下的效应进行分析，结构一次性建模，整体一次性加载，并没有考虑施工过程和时间效应的影响。实际上，在整个结构施工过程中结构是一个时变体系，结构的材料参数、几何参数、荷载边界条件都随施工进程而改变，结构竣工状态的内力和变形也是各施工步效应的积累结果。尤其是超高层结构，施工周期较长，竖向变形受施工过程和时间效应影响较大，内外柱及剪力墙等竖向构件竖向位移差的影响较大，对于装配式剪力墙结构，预制部分和现浇部分不同的养护条件及不同的加载龄期将导致两部分混凝土的时间效应有所差异。仅按传统的分析方法进行变形分析不能准确地反映实际情况，因此有必要对施工过程进行跟踪模拟，并对结构施工过程中的竖向变形规律进行研究。

施工过程模拟是一个特殊类型的非线性静力分析，通用有限元软件 SAP2000 程序可通过阶段施工模块来实现此功能。阶段施工允许定义一个阶段序列，在里面能够增加和去除部分结构，选择性地施加荷载到结构的一部分，考虑诸如龄期、徐变和收缩的时间相关的材料性能。

（1）徐变预测模型

SAP2000 软件包括了 ACI 209R-92 模型、fib 的 MC 2010 模型、中国《公路钢筋混凝土及预应力混凝土桥涵设计规范》JTG 3362 模型及许多其他国家规范模型，未包含 B3 模型，B3 模型可以通过自定义功能实现。

（2）材料时间相关属性

采用 SAP2000 V20.2.0 对结构进行考虑混凝土收缩、徐变的施工模拟，剪力墙、楼板采用壳单元模拟，梁、柱采用框架单元模拟。竖向构件现浇混凝土与预制混凝土定义不同的材料属性，采用不同的加载龄期，不考虑水平构件的时间效应。

（3）钢筋的影响

根据参考文献 [53]，考虑截面含钢率后混凝土的徐变、收缩修正系数 λ_s 可由下式计算：

$$\lambda_s = (1-\rho)/(1-n\rho)$$

式中 ρ——构件的含钢率；

n——钢与混凝土弹性模量之比。

5.2 算例1：装配整体式混凝土剪力墙结构

5.2.1 工程概况

上海市某地块高层住宅项目，地上 32 层（含机房层）、地下 2 层，总建筑高度为 99.95m，典型平面长度为 20.6 m，宽度为 16 m，地下室埋深为 9m。地下室层高由下而上分别为 3.4m、4.8 m。首层层高为 5.4m，其余层高均为 3.05m。标准层建筑平面布置图及立面图如图 5-1 及图 5-2 所示。

5.2.2 建筑分类等级

本工程主要建筑分类等级如表 5-1 所示。

建筑分类等级 表 5-1

项目	内容	项目	内容
设计使用年限	50 年	抗震设防分类	丙类
建筑结构安全等级	二级	建筑结构防火等级	一级
地基基础的设计等级	甲级	混凝土结构的环境类别	地下室临水面和露天混凝土结构为二类 b 组，室内潮湿环境为二类 a 组，其余均为一类

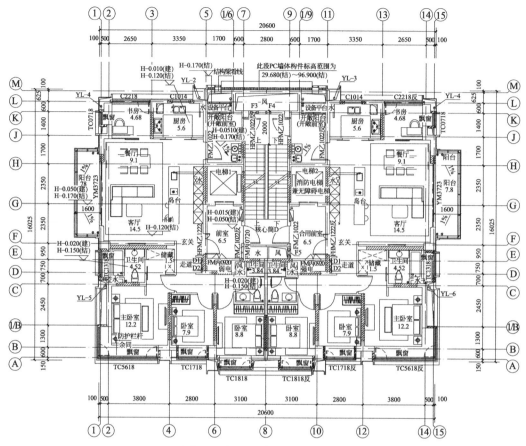

图 5-1 标准层建筑平面布置图

5.2.3 荷载

（1）楼层面荷载

楼、屋面使用活载按《建筑结构荷载规范》GB 50009—2012 第 4.1.1、4.3.1 条规定取值，详见表 5-2。

楼层面荷载   表 5-2

建筑楼层	位置	活载(kPa)	附加恒载(kPa)	备注
所有楼层	楼梯	3.5	4.3	
屋面	上人屋面	2.0	4.3	
	不上人屋面	0.5	3.7	
住宅	卧室、餐厅	2.0	2.8	
	卫生间	2.5	3.3	下沉式卫生间回填材料另计
	阳台	2.5	3.05	
	电梯厅/疏散楼梯/公共走廊	3.5	2.0	
	厨房	2.0	2.85	
首层大堂	室外覆土区	10.0	21.6	消防车荷载取 20kN/m²，附加恒载根据覆土厚度确定
	室内架空区	5.0	10.8	附加恒载根据覆土厚度确定

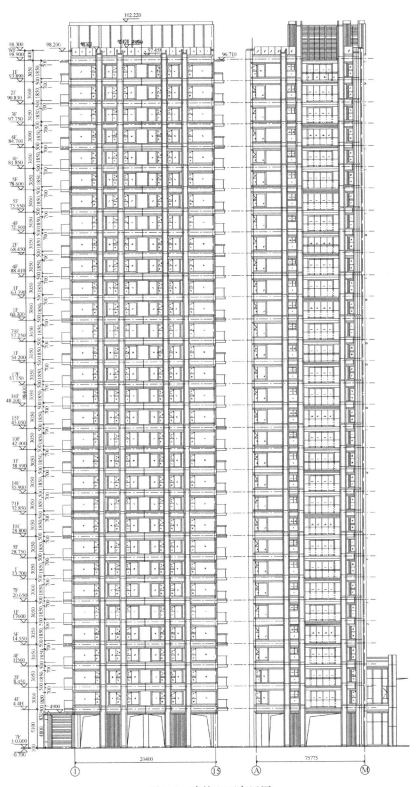

图 5-2　建筑立面布置图

施工荷载首层考虑 5.0kPa，其他楼层考虑 2.0kPa。

（2）楼层线荷载

玻璃门窗（幕墙）荷载按 1.5kN/m² 计算；隔墙按 8kN/m³，两侧抹灰 20mm 厚混合砂浆；玻璃栏杆或玻璃隔墙按 1.5kN/m² 计算。所有隔墙上方梁高按 400mm 考虑。

（3）风荷载

根据《建筑结构荷载规范》GB 50009—2012，基本风压取 50 年重现期的风压 $W_0 = 0.55$kPa；承载力设计放大 1.1 倍；10 年重现期基本风压为 $W_0 = 0.30$kPa，用于舒适度控制。地面粗糙类别为 B 类，体型系数取 1.4。施工验算时，风荷载取值按《混凝土结构工程施工规范》GB 50666—2011 取值。

（4）地震作用

根据《中国地震动参数区划图》GB 18306—2015 附录 A（"中国地震动峰值加速度区划图"）和《建筑抗震设计规范》GB 50011—2010，拟建场区的抗震设防烈度为 7 度，场地类别为Ⅳ类，设计基本地震加速度值为 0.10g，设计地震分组为第二组，特征周期为 0.90s。

（5）雪荷载

根据《建筑结构荷载规范》GB 50009—2012，本工程所在地 50 年一遇的基本雪压为 0.2kPa，由于其值小于屋面活荷载，不起控制作用。

5.2.4 材料

（1）钢筋强度见表 5-3。

钢筋表　　　　表 5-3

使用部位	种类	直径(mm)	f_y(MPa)	备注
梁、柱、墙	HRB400	$d \geqslant 10$	360	受力纵筋
	HPB300	$d \leqslant 8$	270	梁箍筋、梁墙拉筋
板	HRB400	$d \geqslant 8$	360	用于楼层所有板配筋

（2）混凝土强度等级及材料参数分别见表 5-4 和表 5-5。

混凝土强度等级　　　　表 5-4

楼层	剪力墙	梁板	侧壁、底板、基础
B2~L6	C55	C35(首层及以下) C30(二层及以上)	C35
L7~L12	C50		
L13~L18	C45		
L19~L22	C40		
L23~L25	C35		
L26~RF	C30		

混凝土材料参数　　　　表 5-5

混凝土强度	弹性模量(MPa)	泊松比	重度(kN/m³)	抗压强度(MPa)	热膨胀系数(/℃)
C55	35500	0.2	27	55	1×10^{-5}
C50	34500	0.2	27	50	1×10^{-5}

续表

混凝土强度	弹性模量(MPa)	泊松比	重度(kN/m³)	抗压强度(MPa)	热膨胀系数(/℃)
C45	33500	0.2	27	45	$1×10^{-5}$
C40	32500	0.2	27	40	$1×10^{-5}$
C35	31500	0.2	27	35	$1×10^{-5}$
C30	30000	0.2	27	30	$1×10^{-5}$

5.2.5　结构体系和布置

本工程采用钢筋混凝土装配式剪力墙结构体系。

（1）结构布置

标准层结构平面布置如图 5-3 所示。剪力墙结构在地下室顶板嵌固，首层楼板厚度不小于 180mm，采用现浇楼板；首层层高 5.4m，标准层层高 3.05m，为满足一层与二层刚度比要求，一层剪力墙加厚；底部加强区剪力墙采用现浇。结构典型构件截面详见表 5-6。

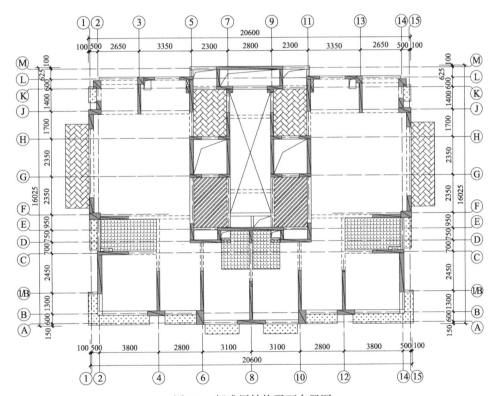

图 5-3　标准层结构平面布置图

典型构件截面表 表 5-6

楼层	剪力墙厚度(mm)	楼板厚度(mm)	梁截面(宽×高,mm×mm)
B2～B1	500,450,300,200	120	300×400,200×400
L1	500,450,300,200	180	250×950,300×600,200×500
标准层	300,250,200	130,150,90	250×580,200×450
屋面	300,250,200	120	200×700,200×450

（2）装配式结构设计

装配整体式剪力墙结构体系，主要预制的受力构件包括预制剪力墙、叠合梁和叠合板，采用现浇节点及部分现浇构件将预制构件连接成整体的钢筋混凝土剪力墙结构。底部加强区剪力墙采用现浇结构，底部加强区以上结构剪力墙板部分预制，其边缘构件现浇，预制剪力墙的竖向钢筋采用灌浆套筒连接，套筒灌浆连接接头等级为Ⅰ级；其他预制构件（包括楼梯、阳台、女儿墙、空调板及建筑围护墙等）钢筋采用搭接连接。标准层预制剪力墙布置见图5-4，节点连接构造见图5-5。

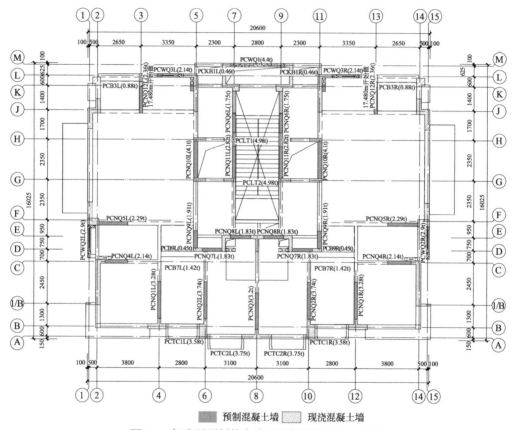

图 5-4　标准层预制剪力墙平面布置图（4～31层）

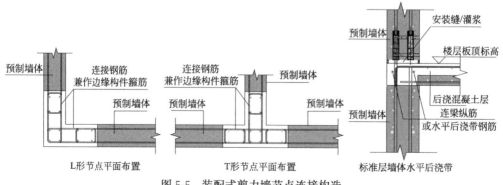

图 5-5　装配式剪力墙节点连接构造

5.2.6　计算参数

剪力墙、楼板采用壳单元模拟，梁、柱采用框架单元模拟。计算参数如下：竖向构件现浇混凝土加载龄期 t_0 取 14d，预制构件混凝土加载龄期 t_0 取 30d；收缩开始时的龄期 t_s 取 3d，水泥类型系数 β_{sc} 取 5，上海市近 30 年的平均相对湿度 R_H 为 70%，构件名义尺寸 h 由截面实际情况计算得到。通过与含钢率相关的混凝土徐变、收缩修正系数 λ_s 考虑钢筋的影响。

混凝土材料不同加载龄期徐变系数如图 5-6 所示，收缩系数如图 5-7 所示。

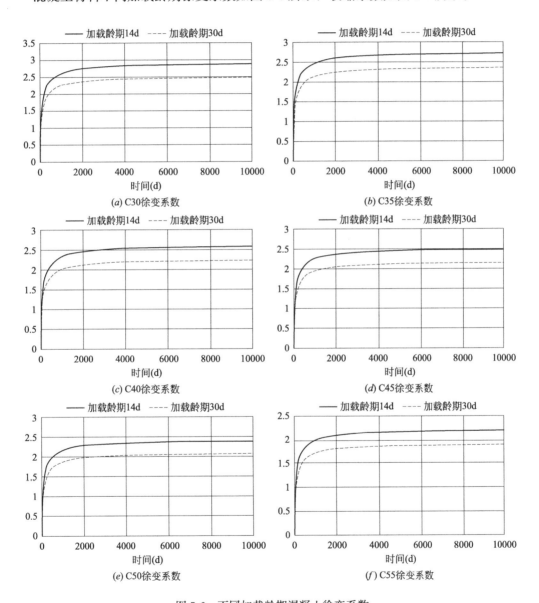

图 5-6　不同加载龄期混凝土徐变系数

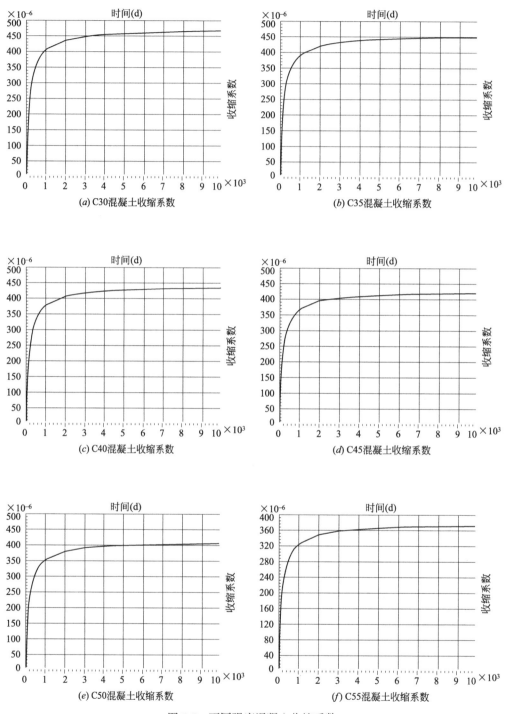

图 5-7　不同强度混凝土收缩系数

　　非线性阶段计算过程采用考虑时间依存效果（累加模型）的方式，预定施工方案中假设基本施工速度为 14d /层，整个施工过程共分为 32 个施工步骤，施工期间考虑结构自重及施工活荷载，建筑投入使用后取消施工荷载，施加使用荷载。混凝土材龄时间为 3d，混凝土材料特性中考虑依赖时间的收缩、徐变及强度增长。该塔楼施工模拟分析各阶段模型如图 5-8 所示。

SAP2000 非线性阶段施工工况，可自动实现逐层施工、逐层找平（即已施工楼层的变形对未施工楼层无影响）。施工模拟时每层为一个时间步，每层施工 14d。

5.2.7　计算分析结果

本次计算剪力墙竖向变形选取各片墙逐一计算，竖向变形通过剪力墙节点的平均值进行描述，具体剪力墙编号详见图 5-9。根据塔楼拟定的施工顺序及收缩徐变的特点，进行五种工况的计算分析：①结构施工完成时；②结构施工完成后 1 年；③结构施工完成后 2 年；④结构施工完成后 11 年；⑤结构施工完成后 20 年。

图5-8　塔楼施工模拟分析各阶段模型图

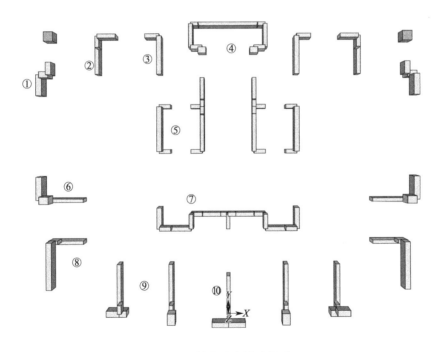

图 5-9　剪力墙编号示意图

（1）底层剪力墙竖向变形

图 5-10～图 5-14 为剪力墙①、④、⑤、⑧、⑩各节点竖向变形时程曲线。

从图 5-10～图 5-14 可以看出，剪力墙①、④、⑤、⑧、⑩不同节点处竖向变形时程曲线差别不大，最大误差不超过 5％，剪力墙竖向变形以各节点竖向变形平均值进行描述是合理可行的。

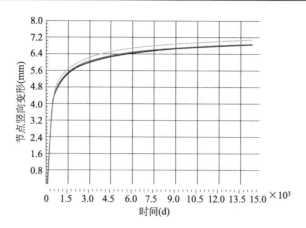

图 5-10 剪力墙①各节点竖向变形时程曲线
（最大值 7.13mm，最小值 6.88mm）

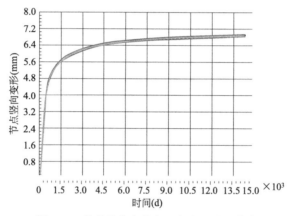

图 5-11 剪力墙④各节点竖向变形时程曲线
（最大值 5.96mm，最小值 5.86mm）

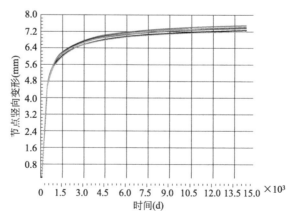

图 5-12 剪力墙⑤各节点竖向变形时程曲线
（最大值 7.51mm，最小值 7.22mm）

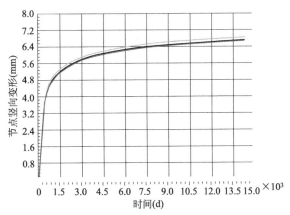

图 5-13　剪力墙⑧各节点竖向变形时程曲线

（最大值 5.85mm，最小值 5.68mm）

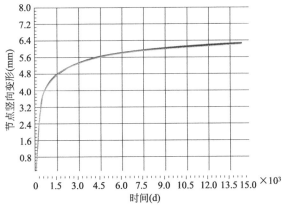

图 5-14　剪力墙⑩各节点竖向变形时程曲线

（最大值 5.28mm，最小值 5.22mm）

（2）底层剪力墙轴力

图 5-15～图 5-18 为剪力墙①、③、⑤、⑩墙肢竖向轴力时程曲线。

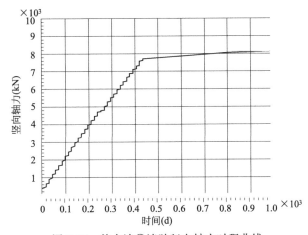

图 5-15　剪力墙①墙肢竖向轴力时程曲线

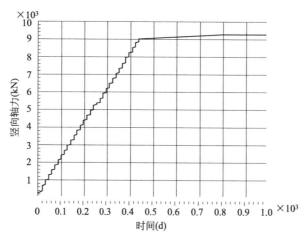

图 5-16　剪力墙③墙肢向轴力时程曲线

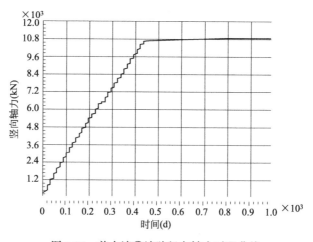

图 5-17　剪力墙⑤墙肢竖向轴力时程曲线

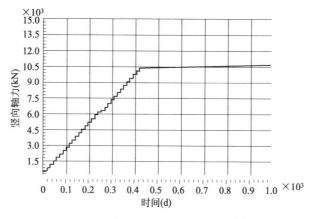

图 5-18　剪力墙⑩墙肢竖向轴力时程曲线

从图 5-15～图 5-18 可以看出，底层剪力墙①、③、⑤、⑩各墙肢随着施工阶段的进行，轴力呈线性增长，施工完成时达到或者接近达到最大值，随着时间的推移，轴力变化不大。

（3）施工完成时剪力墙竖向弹性变形

图 5-19 是剪力墙结构施工完成时的竖向弹性变形值。

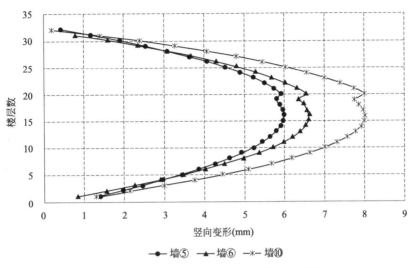

图 5-19　施工完成时剪力墙竖向弹性变形值

从图 5-19 可以看出各剪力墙竖向弹性变形均呈现出中部最大、上下部小的现象。这种变形特征是符合结构实际变形规律的，因为上部剪力墙承受的竖向力逐渐变小，由其引起的变形也越来越小，而底部的剪力墙虽然承受的荷载最大，应变也最大，但是高度小，累积效应产生的变形也就小。竖向变形最大的楼层位于 20 层，墙⑤最大弹性变形值为 5.92mm，墙⑥最大弹性变形值为 5.55mm，墙⑩最大弹性变形值为 8.0mm。

（4）剪力墙⑤时效分析结果

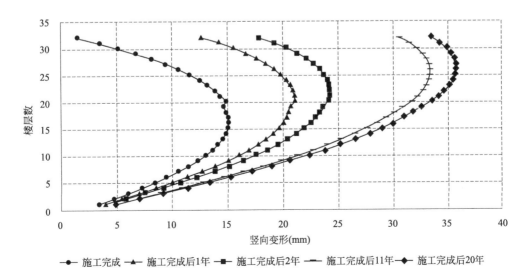

图 5-20　墙⑤施工完成后竖向变形值

图 5-20 是剪力墙⑤施工完成后考虑收缩徐变的竖向变形值。从图 5-20 可以看出各剪力墙竖向变形施工完成时呈现出中部大、上下部小的现象，随着时间的推移，由于收缩徐变作用，剪力墙上部变形累计效应最明显，中部次之，下部变形累计较小。剪力墙变形规律由中部大、上下部小逐步向上部大、下部小变化。

竖向变形最大的楼层位置施工完成时位于 20 层，最大变形值为 15mm，随着时间的推移，竖向变形最大逐步上升，施工完成后 20 年，竖向变形最大的楼层位置施工完成时位于 27 层，最大变形值为 36mm。

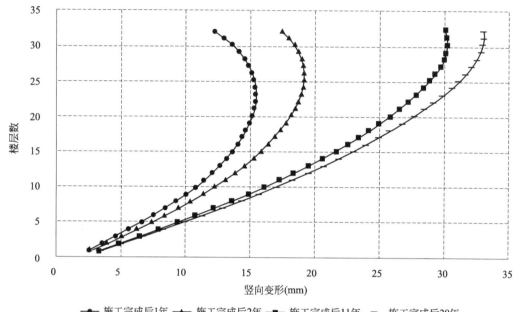

图 5-21　剪力墙⑤累计竖向收缩徐变变形值

图 5-21 是剪力墙⑤从施工阶段到使用阶段全过程累计的收缩徐变总竖向变形值。图 5-22 是墙⑤从施工阶段到使用阶段全过程累计的收缩徐变完成百分比。从图中可以看出，剪力墙的徐变效应在结构开始施工时就已开始产生，在施工期间及施工 1 年徐变效应的增长速率是最快的，最大累积徐变变形值为 15.5mm，发生最大累积徐变变形值的楼层数为 23 层。施工完成 2 年后最大累积徐变变形值约 20mm，楼层数为 26 层。施工完成 11 年后最大累积徐变变形值为 30mm，楼层数为 30 层。从以上分析结果来看徐变效应在施工阶段及施工完成后 1 年最为明显，随着时间推移效应逐渐减弱，一般在施工完成后 2 年趋于稳定。徐变效应引起的剪力墙竖向变形峰值位置也随着时间的推移从结构中部逐渐上移。施工完成后 1 年、2 年、11 年，收缩徐变完成的百分比最大值分别为 68%、78%、95%。

（5）剪力墙⑥时效分析结果

图 5-23 是剪力墙⑥施工完成后考虑收缩徐变的竖向变形值。从图 5-23 可以看出各剪力墙竖向变形施工完成时呈现出中部大、上下部小的现象，随着时间的推移，由于收缩徐变作用，剪力墙上部变形累计效应最明显，中部次之，下部变形累计较小。剪力墙变形规律由中部大、上下部小逐步向上部大、下部小变化。

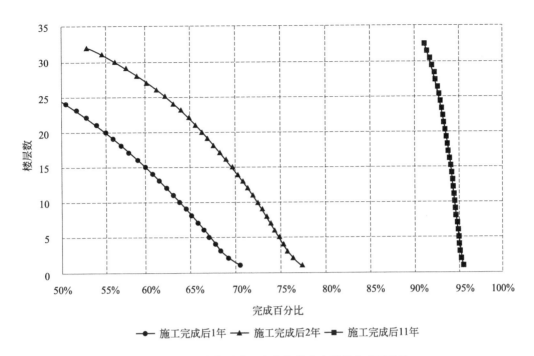

图 5-22　剪力墙⑤累计竖向收缩徐变变形值完成百分比

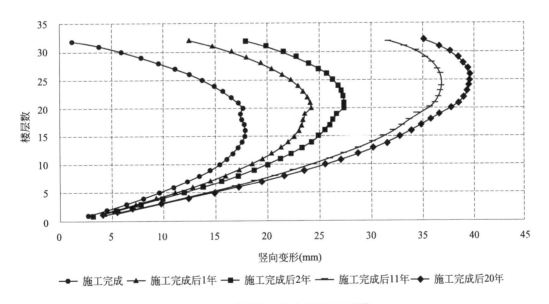

图 5-23　墙⑥施工完成后竖向变形值

竖向变形最大的楼层位置施工完成时位于 20 层，最大变形值为 17mm，随着时间的推移，竖向变形峰值位置逐步上升，施工完成后 20 年，竖向变形最大的楼层位置施工完成时位于 27 层，最大变形值为 39mm。

图 5-24 是剪力墙⑥从施工阶段到使用阶段全过程累计的收缩徐变总竖向变形值。

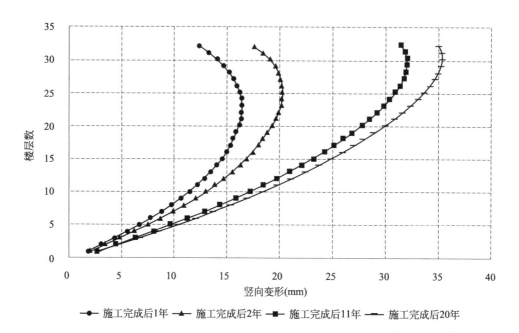

图 5-24　剪力墙⑥累计竖向收缩徐变变形值

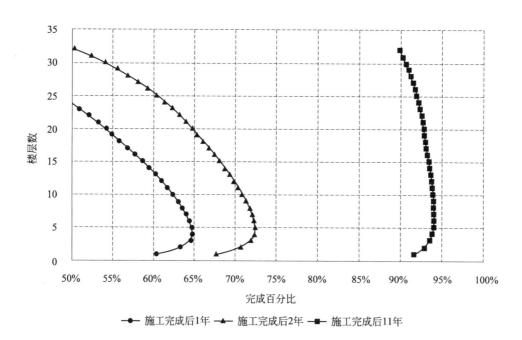

图 5-25　剪力墙⑥累计竖向收缩徐变变形值完成百分比

图 5-25 是墙⑥从施工阶段到使用阶段全过程累计的收缩徐变完成百分比。从图中可以看出,剪力墙的徐变效应在结构开始施工时就已开始产生,在施工期间及施工 1 年徐变效应的增长速率是最快的,最大累积徐变变形值为 16mm,发生最大累积徐变变形值的楼层数为 23 层。施工完成 2 年后最大累积徐变变形值约 20mm,楼层

数为 26 层。施工完成 11 年后最大累积徐变变形值为 35mm，楼层数为 30 层。从以上分析结果来看徐变效应在施工阶段及施工完成后 1 年最为明显，随着时间推移效应逐渐减弱，一般在施工完成后 2 年趋于稳定。徐变效应引起的剪力墙竖向变形峰值位置也随着时间的推移从结构中部逐渐上移。施工完成后 1 年、2 年、11 年，收缩徐变完成的百分比最大值分别为 65％、73％、94％。

（6）剪力墙⑩时效分析结果

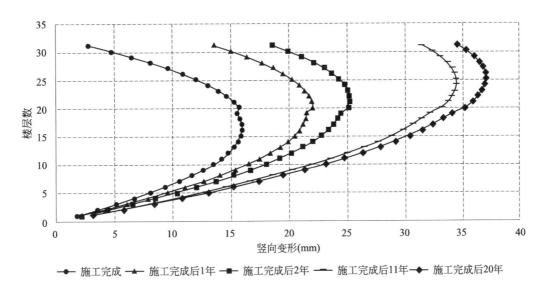

图 5-26 墙⑩施工完成后竖向变形值

图 5-26 是剪力墙⑩施工完成后考虑收缩徐变的竖向变形值。从图 5-26 可以看出各剪力墙竖向变形施工完成时呈现出中部大、上下部小的现象，随着时间的推移，由于收缩徐变作用，剪力墙上部变形累计效应最明显，中部次之，下部变形累计较小。剪力墙变形规律由中部大、上下部小逐步向上部大、下部小变化。

竖向变形最大的楼层位置施工完成时位于 20 层，最大变形值为 17mm，随着时间的推移，竖向变形峰值位置逐步上升，施工完成后 20 年，竖向变形最大的楼层位置施工完成时位于 27 层，最大变形值为 39mm。

图 5-27 是剪力墙⑩从施工阶段到使用阶段全过程累计的收缩徐变总竖向变形值。图 5-28 是墙⑩从施工阶段到使用阶段全过程累计的收缩徐变完成百分比。从图中可以看出，剪力墙的徐变效应在结构开始施工时就已开始产生，在施工期间及施工 1 年徐变效应的增长速率是最快的，最大累积徐变变形值为 16mm，发生最大累积徐变变形值的楼层数为 23 层。施工完成 2 年后最大累积徐变变形值约 20mm，楼层数为 26 层。施工完成 11 年后最大累积徐变变形值为 30mm，楼层数为 30 层。从以上分析结果来看徐变效应在施工阶段及施工完成后 1 年最为明显，随着时间推移效应逐渐减弱，一般在施工完成后 2 年趋于稳定。徐变效应引起的剪力墙竖向变形峰值位置也随着时间的推移从结构中部逐渐上移。施工完成后 1 年、2 年、11 年，收缩徐变完成的百分比最大值分别为 62％、74％、94％。

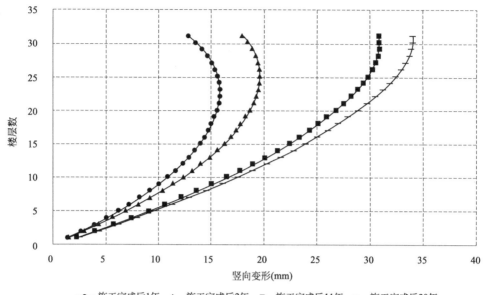

图 5-27 剪力墙⑩累计竖向收缩徐变变形值

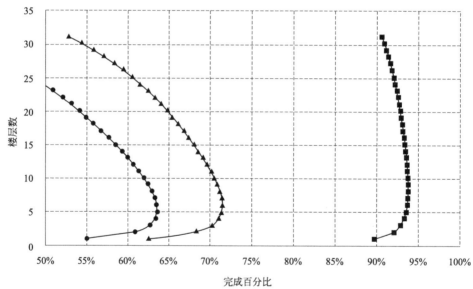

图 5-28 剪力墙⑩累计竖向收缩徐变变形值完成百分比

5.3 算例2：装配整体式框架-现浇剪力墙结构

5.3.1 工程概况

上海市某办公楼项目，地上19层（含机房层）、地下2层，总高度为83.6m，典型平面长度为54.3m，宽度为25.2m，地下室埋深为10m。地下室层高由下而上分别为4.4m、5.6m。地上1层层高为5.3m，其余层高均为4.5m。建筑平面布置图及立面图如图5-29及图5-30所示。

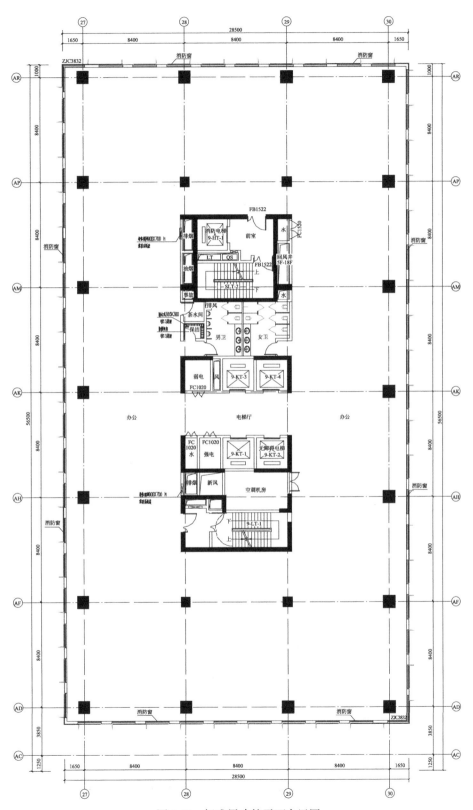

图 5-29　标准层建筑平面布置图

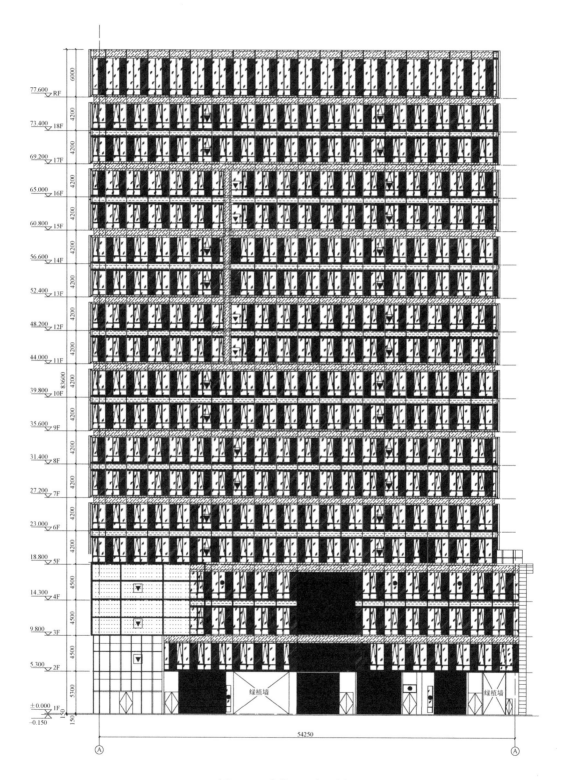

图 5-30　建筑立面布置图

5.3.2　建筑分类等级

本工程主要建筑分类等级与 5.2 节中分类等级相同，见表 5-1。

5.3.3　荷载

（1）楼层面荷载

楼、屋面活载按《建筑结构荷载规范》GB 50009—2012 第 4.1.1、4.3.1 条规定取值，详见表 5-7。

楼层面荷载表　　　　　　　　　　　　　　　　　　表 5-7

建筑楼层	位置	活载（kPa）	附加恒载（kPa）	备注
所有楼层	楼梯	3.5	4.3	
屋面	上人屋面	2.0	4.3	
	不上人屋面	0.5	3.7	
商业	餐厅	4.0	2.0	
	卫生间	2.5	2.0	下沉式卫生间回填材料另计
	电梯厅/疏散楼梯/公共走廊	3.5	2.0	
	厨房	4.0	10.0	
办公	办公区	3.5	2.0	
	通风、排烟机房	7.0	2.0	
首层大堂	室外园林区	10.0	3.0	消防车荷载取 20kN/m²，附加恒载根据覆土厚度确定
	首层商铺	5.0	5.0	

（2）楼层线荷载

玻璃门窗（幕墙）荷载按 $1.5kN/m^2$ 计算；隔墙按 $8kN/m^3$，两侧抹灰 20mm 厚混合砂浆；玻璃栏杆或玻璃隔墙按 $1.5kN/m^2$ 计算。所有隔墙上方梁高按 600mm 考虑。

（3）风荷载

根据《建筑结构荷载规范》GB 50009—2012，基本风压取 50 年重现期的风压 $W_0 = 0.55kPa$；承载力设计放大 1.1 倍；10 年重现期基本风压为 $W_0 = 0.30kPa$，用于舒适度控制。地面粗糙类别为 B 类，体型系数取 1.4。施工验算时，风荷载取值按《混凝土结构工程施工规范》GB 50666—2011 取值。

（4）地震作用

根据《中国地震动参数区划图》GB 18306—2015 附录 A 中国地震动峰值加速度区划图和《建筑抗震设计规范》GB 50011—2010，拟建场区的抗震设防烈度为 7 度，场地类别为Ⅳ类，设计基本地震加速度值为 0.10g，设计地震分组为第二组，特征周期为 0.90s。

（5）雪荷载

根据《建筑结构荷载规范》GB 50009—2012，本工程所在地 50 年一遇的基本雪压为 0.2kPa，由于其值小于屋面活荷载，不起控制作用。

5.3.4　材料

（1）钢筋强度与 5.2.4 节相同，见表 5-3。

（2）混凝土强度等级见表 5-8，混凝土材料参数与 5.2.4 相同，见表 5-5。

楼层	剪力墙	梁板	侧壁、底板、基础
B2~L4	C55		
L5~L8	C50	C35(首层及以下)	C35
L9~L11	C45	C30(二层及以上)	
L12~RF	C40		

5.3.5　结构体系和布置

本工程采用装配整体式混凝土框架-现浇混凝土剪力墙结构体系。

（1）结构布置

结构平面布置图如图 5-31 所示。框架-剪力墙结构在地下室顶板嵌固，首层楼板厚度不小于 180mm，采用现浇楼板；首层层高 5.3m，标准层层高 4.5m。结构典型截面详见表 5-9。

典型构件截面表   5-9

楼层	剪力墙厚度(mm)	框架柱(宽×高,mm×mm)	楼板厚度(mm)	梁(宽×高,mm×mm)
B2~B1	400	1100×1100,900×900	120	450×700,300×700
L1	400,350	1100×1100,900×900	180	450×1800,450×700
L2~L11	400,350	1100×1100,900×900	130,120	500×850,300×700,300×600
L12~RF	350	1000×1000,800×800	130,120	500×850,300×700,300×600

（2）装配式结构设计

采用装配整体式框架-现浇剪力墙结构。主体结构除 3 层楼面以下（底部加强区）采用现浇外，3 层楼面以上标准层均采用预制装配整体式结构，预制装配技术在本工程的应用如下：①结构竖向构件采用预制混凝土框架柱；②水平框架梁及次梁采用预制混凝土叠合梁；③楼板采用预制非预应力混凝土叠合板，其预制层厚度为 60mm，现浇层厚度为 70mm；④标准层楼梯采用预制混凝土梯段板。以上混凝土预制构件均在构件厂预制完成，运至现场拼装，由叠合构件的现浇层和框架节点的现浇实现结构整体式连接，其整体结构的性能可等同于现浇结构。

5.3.6　计算参数

剪力墙、楼板采用壳单元模拟，梁、柱采用框架单元模拟。计算参数如下：竖向构件现浇混凝土加载龄期 t_0 取 14d，预制构件混凝土加载龄期 t_0 取 30d；收缩开始时的龄期 t_s 取 3d，水泥类型系数 β_{sc} 取 5，上海市近 30 年的平均相对湿度 R_H 为 70%，构件名义尺寸 h 由截面实际情况计算得到。通过与含钢率相关的混凝土徐变、收缩修正系数 λ_s 考虑钢筋的影响。

混凝土材料不同加载龄期徐变系数与 5.2.6 节图 5-6（c）～图 5-6（f）一致，收缩系数与 5.2.6 节图 5-7（c）～图 5-7（f）一致。

计算过程采用考虑时间依存效果（累加模型）的方式，预定施工方案中假设基本施工速度为 14d/层，整个施工过程共分为 19 个施工步骤，施工过程中的恒载及活载直接考虑今后的使用荷载。混凝土材龄时间为 3d，混凝土材料特性中考虑依赖时间的收缩、徐变及强度增长。该塔楼施工模拟分析各阶段模型图如图 5-32 所示。

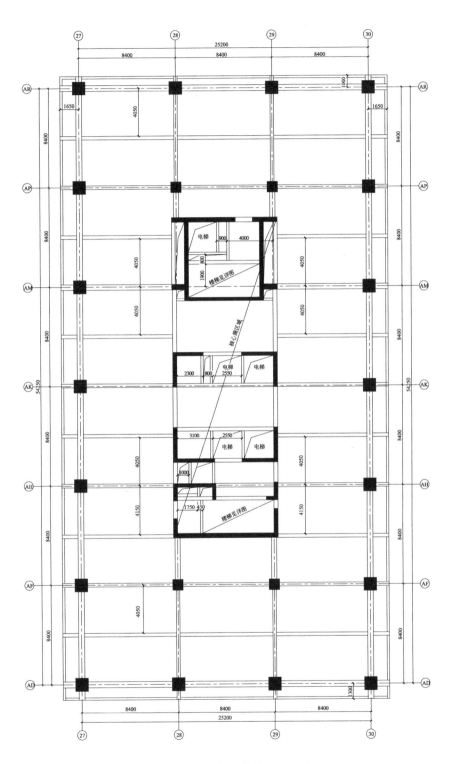

图 5-31　标准层结构平面布置图

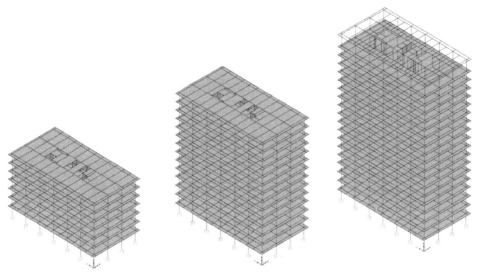

图 5-32　塔楼施工模拟分析各阶段模型图

SAP2000 非线性阶段施工工况,可自动实现逐层施工、逐层找平(即已施工楼层的变形对未施工楼层无影响)。

5.3.7　计算分析结果

本次计算框架柱竖向变形选取外围 22 根框架柱逐一计算,核心筒竖向变形通过剪力墙角部节点的平均值进行描述,具体剪力墙编号详见图 5-33。根据塔楼拟定的施工顺序及收缩徐变的特点,进行五种工况的计算分析:①结构施工完成时;②结构施工完成后 1 年;③结构施工完成后 2 年;④结构施工完成后 11 年;⑤结构施工完成后 20 年。

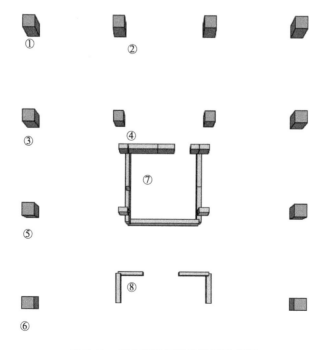

图 5-33　剪力墙及框架柱编号示意图

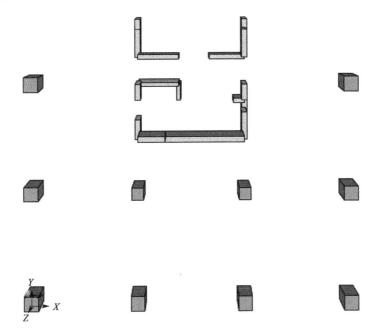

图 5-33 剪力墙及框架柱编号示意图（续）

（1）底层框架柱及剪力墙竖向变形

图 5-34～图 5-36 为框架柱①～⑥竖向变形时程曲线，图 5-37、图 5-48 为剪力墙⑦⑧墙肢竖向变形时程曲线。

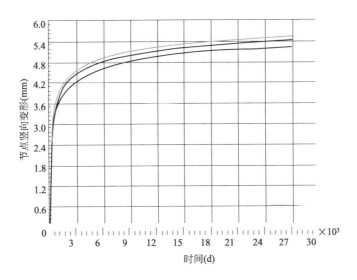

图 5-34 边柱②③⑤⑥竖向变形时程曲线

（最大值 5.52mm，最小值 5.23mm）

从图 5-34～图 5-38 可以看出，框架柱及剪力墙竖向变形随着时间的推移逐步增大，增长速度逐渐减小。剪力墙⑦⑧不同节点处竖向变形时程曲线差别不大，最大误差不超过 5%，剪力墙竖向变形以各节点竖向变形平均值进行描述是合理可行的。

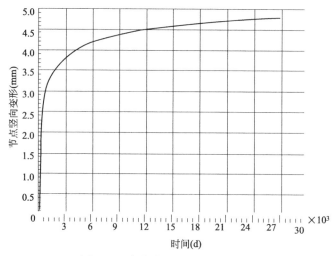

图 5-35　角柱①竖向变形时程曲线

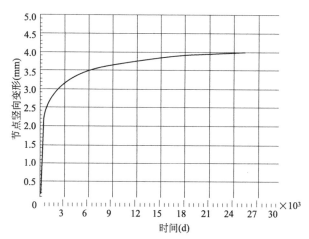

图 5-36　内柱④竖向变形时程曲线

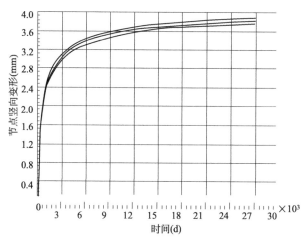

图 5-37　墙⑦竖向变形时程曲线

(最大值 3.94mm，最小值 3.78mm)

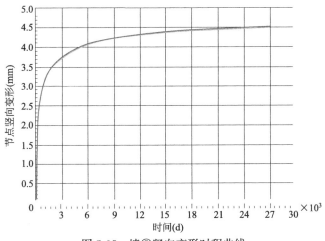

图 5-38　墙⑧竖向变形时程曲线

（最大值 4.6mm，最小值 4.5mm）

（2）底层框架柱及剪力墙轴力

图 5-39～图 5-44 为框架柱①～⑥竖向轴力时程曲线，图 5-45、图 5-46 为剪力墙⑦、⑧墙肢竖向轴力时程曲线。

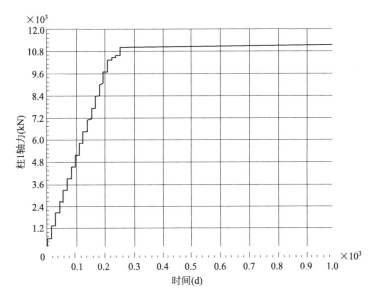

图 5-39　框架柱①竖向轴力时程曲线

从图 5-39～图 5-44 可以看出，底层框架柱①～⑥随着施工阶段的进行，轴力呈线性增长，施工完成时达到或者接近达到最大值，随着时间的推移，轴力变化不大，略有减小。

从图 5-45、图 5-46 可以看出，底层剪力墙⑦、⑧各墙肢随着施工阶段的进行，轴力呈线性增长，施工完成后随着时间的推移，剪力墙⑦部分墙肢轴力逐渐增大，剪力墙⑧部分墙肢轴力逐渐减小，内力进行了重分配。

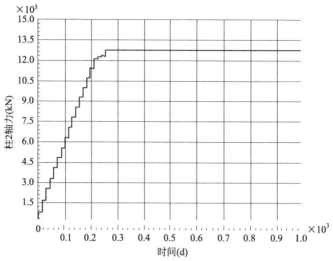

图 5-40　框架柱②竖向轴力时程曲线

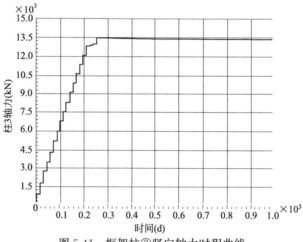

图 5-41　框架柱③竖向轴力时程曲线

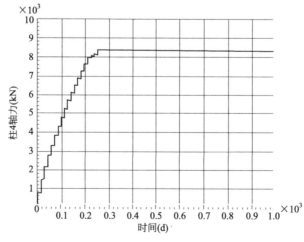

图 5-42　框架柱④竖向轴力时程曲线

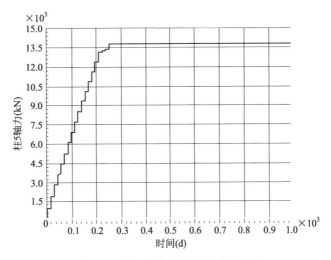

图 5-43　框架柱⑤竖向轴力时程曲线

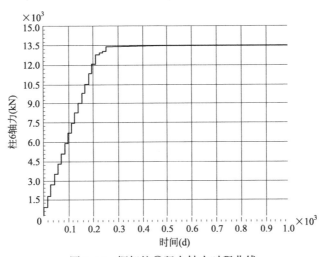

图 5-44　框架柱⑥竖向轴力时程曲线

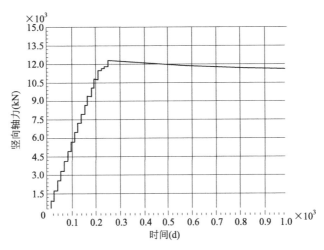

图 5-45　剪力墙⑧竖向轴力时程曲线

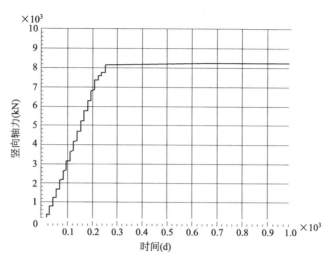

图 5-46　剪力墙⑦竖向轴力时程曲线

（3）剪力墙⑧时效分析结果

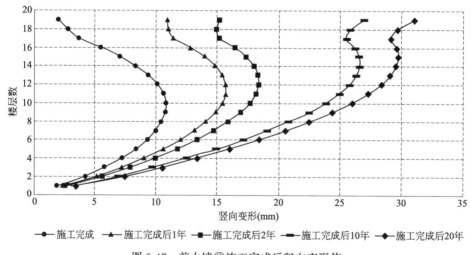

——●—— 施工完成　——▲—— 施工完成后1年　——■—— 施工完成后2年　——▬—— 施工完成后10年　——◆—— 施工完成后20年

图 5-47　剪力墙⑧施工完成后竖向变形值

　　图 5-47 是剪力墙⑧施工完成后考虑收缩徐变的竖向变形值。从图 5-47 可以看出各剪力墙竖向变形施工完成时呈现出中部大、上下部小的现象，随着时间的推移，由于收缩徐变作用，剪力墙上部变形累计效应最明显，中部次之，下部变形累计较小。剪力墙变形规律由中部大、上下部小逐步向上部大、下部小变化。

　　竖向变形最大的楼层位置施工完成时位于 10 层，最大变形值为 11mm，随着时间的推移，竖向变形最大逐步上升，施工完成后 20 年，竖向变形最大的楼层位置施工完成时位于 15 层，最大变形值为 29mm。

　　图 5-48 是剪力墙⑧从施工阶段到使用阶段全过程累计的收缩徐变总竖向变形。图 5-49 是剪力墙⑧从施工阶段到使用阶段全过程累计的收缩徐变完成百分比。从图中可以看出，剪力墙的徐变效应在结构开始施工时就已开始产生，在施工期间及施工 1 年徐变效应的增长速率是最快的，最大累积徐变变形值为 11mm，发生最大累积徐变变形值的楼层数为 13 层。

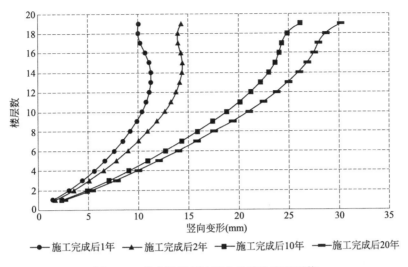

图 5-48　剪力墙⑧累计竖向收缩徐变变形值

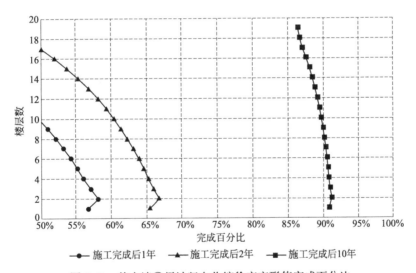

图 5-49　剪力墙⑧累计竖向收缩徐变变形值完成百分比

施工完成 2 年后最大累积徐变变形值约 14mm，楼层数为 14 层。施工完成 10 年后最大累积徐变变形值为 24mm，楼层数为 17 层。从以上分析结果来看徐变效应在施工阶段及施工完成后 1 年最为明显，随着时间推移效应逐渐减弱，一般在施工完成后 2 年趋于稳定。徐变效应引起的核心筒竖向变形峰值位置也随着时间的推移从结构中部逐渐上移。施工完成后 1 年、2 年、10 年，收缩徐变完成的百分比最大值分别为 58％、67％、91％。

5.4　本章小结

　　本章以高层建筑装配式剪力墙结构及装配式框架剪力墙结构实际工程为例，采用国际结构混凝土协会（fib）规范 MC 2010 模型，运用 SAP2000 阶段施工模块进行施工全过程模拟跟踪，并对结构施工过程中的竖向变形规律进行研究。竖向构件现浇混凝土与预制混凝土定义不同的材料属性，采用不同的加载龄期，通过混凝土的徐变、收缩修正系数 λs 考虑钢筋的影响。

装配式剪力墙结构，剪力墙竖向变形可以以各节点竖向变形平均值进行描述。各墙肢随着施工阶段的进行，轴力呈线性增长，施工完成时达到或者接近达到最大值，随着时间的推移，轴力变化不大。剪力墙竖向弹性变形均呈现出中部最大、上下部小的现象。这种变形特征是符合结构实际变形规律的，因为上部剪力墙承受的竖向力逐渐变小，由其引起的变形也越来越小，而底部的剪力墙虽然承受的荷载最大，应变也最大，但是高度小，累积效应产生的变形也就小。徐变效应在施工阶段及施工完成后 1 年最为明显，随着时间推移效应逐渐减弱，一般在施工完成后 2 年趋于稳定。徐变效应引起的核心筒竖向变形峰值位置也随着时间的推移从结构中部逐渐上移。

装配式框架剪力墙结构框架柱及剪力墙，轴力呈线性增长，施工完成时达到或者接近达到最大值，随着时间的推移，墙、柱之间内力进行了重分配。徐变效应在施工阶段及施工完成后 1 年最为明显，随着时间推移效应逐渐减弱，一般在施工完成后 2 年趋于稳定。

附录 徐变仪设计

1 试件尺寸

根据《普通混凝土长期性能和耐久性能试验方法标准》GB/T 50082—2009，徐变试验应采用棱柱体试件，试件的尺寸应根据混凝土中骨料的最大粒径选用，长度应为截面边长尺寸的 3 至 4 倍。当骨料最大公称粒径为 31.5mm 时，试件的尺寸应为 100mm×100mm×400mm。当试件叠放时，应在每叠试件端头的试件和压板之间加装一个未安装应变量测仪表的辅助性混凝土垫块，其截面边长尺寸应与被测试件相同，且长度应至少等于其截面尺寸的一半，故垫块尺寸为 100mm×100mm×50mm。

2 试验轴压比

《普通混凝土长期性能和耐久性能试验方法标准》GB/T 50082—2009 规定："当无特殊要求时，应取徐变应力为所测得的棱柱体抗压强度的 40％"。同时，《混凝土结构设计规范》GB 50010—2010 中关于剪力轴压比的要求如附表 1 所示。

剪力墙轴压比限值　　　　　　　　　　　　　　　　　　　　　　　　附表 1

抗震等级（设防烈度）	一级（9 度）	一级（7、8 度）	二级、三级
轴压比限值	0.4	0.5	0.6

其中混凝土轴心抗压强度设计值是由立方体抗压强度标准值乘以三个折减系数得到，三个系数分别为 0.88（考虑结构中混凝土额实体强度与立方体试件混凝土强度之间的差异）、0.76（棱柱强度与立方强度之比值）、1.4（混凝土的材料分项系数）。但是在试验中并不存在结构混凝土与试件混凝土的差异，也不存在材料性能的不确定性，故只需考虑 0.76 系数即可。取轴压比为 0.4，徐变应力为 0.4×40×0.76×100×100＝121.6kN。试验选用的千斤顶起重荷载应为设计荷载的 1.2～1.3 倍，故加载设备选用 20t 液压千斤顶。

3 徐变仪各部件设计

根据《普通混凝土长期性能和耐久性能试验方法标准》GB/T 50082—2009，徐变仪各部件包括上下压板、球座或球铰及其配套垫板、弹簧持荷装置以及承力丝杆。目前国内采用的弹簧持荷式徐变仪的具体结构、尺寸、层数有所不同，但只要构造及制作合理，测试的精度及准确性不会受明显影响。

（1）压板

压板与垫板应具有足够的刚度。压板受压面的平整度偏差不应大于 0.1mm/100mm，并应能保证对试件均匀加荷。首先，由试件尺寸 100mm×100mm 可得任意两个丝杆之间的距离要大于 112.58mm，由弹簧直径则可得到间距大于 120mm，故取其间距为

150mm。将垫板简化为一个两端简支、在梁中点处受到集中荷载的梁，其宽度假设为75mm。计算得到其受力处挠度为 $Fl^3/48EI$，其值不能大于 $0.1l/100$。

计算后得到 $h>35.73$mm，取其厚度为50mm。开孔数目在两个或两个以上，相邻开孔之间要保持一定的距离，不应小于相邻孔的长度。参考螺栓中心至构件边缘距离的最小容许距离，为1.5倍孔径。孔径为31mm，故孔边距不得小于45.5mm。若取轴压比为1.0，孔径37mm，孔边距不得小于55.5mm。考虑弹簧直径后尺寸如附图1所示。

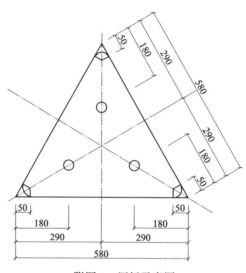

附图1　压板示意图

（2）丝杆

在试验荷载下，丝杆的拉应力不应大于材料屈服点的30%。三个丝杆，选用45号钢，其屈服强度为355MPa。计算可得出规格应选为M30螺杆。

丝杆长度＝顶部＋顶板＋千斤顶＋上压板＋试件＋下压板＋弹簧＋底盘＋螺母＝200＋50＋150＋50＋1200＋50＋475＋50＋55＝2280mm，取2300mm。

（3）弹簧

弹簧的作用是在混凝土发生徐变后避免试件受力大幅度降低，弹簧的工作压力不应超过允许极限荷载的80%，且工作时弹簧的压缩变形不得小于20mm。故其极限荷载应大于40.53kN，刚度应小于2023.67N/mm。

根据《圆柱螺旋弹簧设计计算》GB/T 23935—2009 中关于弹簧刚度和极限荷载的公式进行如下计算。

弹簧刚度计算公式为：

$$K=\frac{Gd^4}{8D^3n} \tag{1}$$

其中 G 为材料切变模量，对于弹簧钢，$G=78500$。故由 $K<2025.7$ 可得到 $\frac{d^4}{D^3n}<0.20654$。

弹簧的极限荷载计算公式为：

$$F = \frac{\pi d^3}{8D} [\tau] \qquad (2)$$

对于弹簧的容许切应力，取 500MPa 进行估算。故由 $F > 40530$ 可得到 $\frac{d^3}{D} > 205.42$。若取弹簧的旋绕比为 4，即 $D = 4d$ 时，可得到 $d > 28.7$mm。故取 $d = 30$mm，$D = 120$mm，则 $n > 2.27$。

有效圈数为 3，支撑圈数取 2，则弹簧总圈数为 5。推荐弹簧节距取在 $0.28D < t < 0.5D$，取 $t = 50$mm。所以弹簧高度 $H = 5 \times 80 + 30 \times 1.5 = 445$mm。

若进行高强混凝土试验，极限荷载应大于 81.06kN，刚度应小于 4047.34N/mm。由 $K < 4047.34$ 可得到 $\frac{d^4}{D^3 n} < 0.41308$。故由 $F > 81060$ 可得到 $\frac{d^3}{D} > 412.84$。

1）若取弹簧的旋绕比为 4，即 $D = 4d$ 时，可得到 $d > 40.6$mm。故取 $d = 50$mm，$D = 200$mm，则 $n > 1.89$。有效圈数为 3，支撑圈数取 2，则弹簧总圈数为 5。推荐弹簧节距取在 $0.28D < t < 0.5D$，取 $t = 50$mm。

所以弹簧高度 $H = 5 \times 50 + 50 \times 1.5 = 325$mm。

2）若取轴压比为 1.0，极限荷载应大于 101.3kN，刚度应小于 5059.2N/mm。由 $K < 5059.2$ 可得到 $\frac{d^4}{D^3 n} < 0.51635$。故由 $F > 101300$ 可得到 $\frac{d^3}{D} > 515.05$。若取弹簧的旋绕比为 4，即 $D = 4d$ 时，可得到 $d > 45.43$mm。故取 $d = 50$mm，$D = 200$mm，则 $n > 1.513$。有效圈数为 3，支撑圈数取 2，则弹簧总圈数为 5。推荐弹簧节距取在 $0.28D < t < 0.5D$，取 $t = 80$mm。所以弹簧高度 $H = 5 \times 50 + 50 \times 1.5 = 475$mm。

（4）测力装置

测力装置可采用钢环测力计、荷载传感器或其他形式的压力测定装置。其测量精度应达到所加荷载的 $\pm 2\%$，试件破坏荷载不应小于测力装置全量程的 20% 且不应大于测力装置全量程的 80%。试件破坏荷载为 $40 \times 0.76 \times 100 \times 100 = 304$kN，则测力传感器量程应在 380～1520kN 之间。测力传感器由一个或多个能在受力后产生形变的弹性体和能感应这个形变量的电阻应变片组成的电桥电路，以及能把电阻应变片固定粘贴在弹性体上并能传到应变量的粘合剂和保护电子电路的密封胶三大部分组成。

（5）变形测量装置

变形测量装置采用千分表，其测量的应变值精度不应低于 0.001mm/m。应至少测量两个均匀地布置在试件周边的基线的应变。测点应精确地布置在试件的纵向表面的纵轴上，且应与试件端头等距，与相邻试件端头的距离不应小于一个界面边长。选用规格 0～1mm，度数 0.001mm 的千分表。各规范计算结果显示徐变系数一般为 2～3，最终徐变不会超过 1mm。徐变试验中，采用自制应变引伸计测量试件压缩变形。变形测量标距为 200mm，与试件上下端头相距均为 100mm。自制应变引伸计由千分表、自制表座、铝制接长杆等组成。采用与千分表测头直径相同的带有外螺纹的铝制接长杆替代测头，以满足测量标距对测杆长度的要求。用植筋胶将两个表座分别粘贴于铝制接长杆所在位置的两端。每个试件有两套自制应变引伸计，对称布置于试件相背两个侧表面的纵轴线上。

（6）螺母

型号为 M30 的螺母内径为 30～32.4mm，适合此仪器，可与螺杆配套。需要布置螺母的位置包括顶板上下、上压板上下、底盘下部，共 15 个螺母。其中，顶板上侧、上压板上侧、底盘下部为受力螺母，选用 46mm 厚螺母，顶板下侧、上压板下侧采用普通螺母，厚度 24mm。

（7）徐变仪组装

徐变仪进行组装后如附图 2 所示。

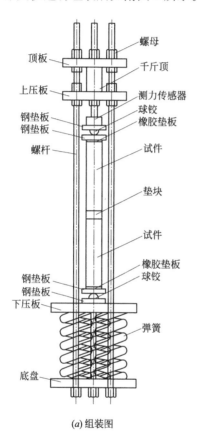

(a) 组装图　　　　　　　　(b) 实物图

附图 2　徐变仪

参 考 文 献

[1] 中华人民共和国行业标准. 装配式混凝土结构技术规程 JGJ 1—2014 [S]. 北京：中国建筑工业出版社，2014.

[2] 中华人民共和国国家标准. 装配式混凝土建筑技术标准 GB/T 51231—2016 [S]. 北京：中国建筑工业出版社，2016.

[3] 蒋勤俭. 国内外装配式混凝土建筑发展综述 [J]. 建筑技术，2010，41 (12)：1074-1077.

[4] 田春雨，黄小坤，李然，殷小薇. 装配式混凝土结构的研究与应用 [J]. 工程质量，2015 (04)：25-30.

[5] 文林峰，刘美霞，武振，等. 积极推广装配式建筑，促进建筑业高质量发展 [J]. 建设科技，2020 (2)：14-19.

[6] 中华人民共和国行业标准. 高层建筑混凝土结构技术规程 JGJ 3—2010 [S]. 北京：中国建筑工业出版社，2010.

[7] 中华人民共和国行业标准. 建筑工程施工过程结构分析与监测技术规范 JGJ/T 302—2013 [S]. 北京：中国建筑工业出版社，2013.

[8] 张辛，刘国维，张庆阳. 日本装配式建筑标准化、批量化、多样化 [J]. 建筑，2018 (06)：52-53.

[9] 张桦，李进军，高文艳. 台湾地区工业化建筑技术进展 [J]. 建筑技艺，2014 (06)：34-36.

[10] 杨小兵. 混凝土收缩徐变预测模型研究 [D]. 武汉：武汉大学土木工程学院，2004.

[11] 陈志华. 混凝土徐变预测模型的对比分析 [J]. 桥梁建设，2006 (05)：76-81.

[12] 马骁. 混凝土徐变模型研随机性及参数敏感性分析 [D]. 北京：北京交通大学土木建筑工程学院，2013.

[13] 孟江，赵宝俊，刘建梅. 混凝土收缩徐变效应预测模型及影响因素 [J]. 长安大学学报（自然科学版），2013，33 (02)：56-62.

[14] 汪建群. 混凝土徐变计算模型及其实用性评述 [A]. 第26届全国结构工程学术会议论文集（第 I 册），2017：5.

[15] 杨永清，鲁薇薇，李晓斌，余小华. 自然环境混凝土徐变试验和预测模型研究 [J]. 西南交通大学学报，2015，50 (06)：977-983，1010.

[16] 陈磊，陈国新，苏枋. 蒸养混凝土力学性能国内外研究现状 [J]. 粉煤灰综合利用，2016 (05)：61-64.

[17] 白国良，祁豪，刘超. 再生混凝土徐变试验与预测模型研究 [J]. 建筑结构学报，2016，37 (S2)：121-125.

[18] 郑文忠，汤灿，刘雨晨. 考虑截面应力重分布的钢筋混凝土柱徐变分析 [J]. 建筑结构学报，2016，37 (05)：264-272.

[19] 赵昕，刘南乡，孙华华，等. 超高层混合结构施工阶段结构性能评估与控制 [J].

建筑结构学报，2011，32（05）：22-30.

[20] 曹志远. 土木工程分析的时变力学方法 [J]. 工程力学，1996，A01：71-77.

[21] 薛娜，李鸿晶，伍小平. 结构施工时变内力分析 [J]. 南京工业大学学报（自然科学版），2005（06）：73-77.

[22] 张慎伟，张其林，罗晓群，吴杰. 高层钢结构施工过程时变模型理论与跟踪监测 [J]. 同济大学学报（自然科学版），2009，37（11）：1434-1439.

[23] 方永明，韦承基. 高层建筑结构施工模拟的剖析 [J]. 铁道大学学报，1997，18（4）：50-54.

[24] 李瑞礼，曹志远. 高层建筑结构施工力学分析 [J]. 计算力学学报，1999，16（2）：157-161.

[25] 张其林，罗晓群，等. 大跨钢结构施工过程的数值跟踪和图形模拟 [J]. 同济大学学报（自然科学版），2004，32（10）：1295-1299.

[26] 吕佳，吴杰，罗晓群，张其林. 型钢混凝土结构施工过程时变效应计算 [J]. 同济大学学报（自然科学版），2013，41（01）：1-5.

[27] 郁冰泉. 高层建筑结构非弹性时变分析方法 [A]. 第四届全国建筑结构技术交流会论文集（下），2013：5.

[28] 姜世鑫. 基于纤维模型的超高层建筑巨型组合构件时变效应分析与设计 [D]. 上海：同济大学土木工程学院，2014.

[29] 傅学怡，高洪. 钢筋混凝土柱收缩徐变分析 [J]. 建筑结构学报，2009，30（S1）：191-194.

[30] Hatt. Notes on the effects of time elements in loading reinforced concrete beams [J]. ASTM Prof，1907，7：421-433

[31] ACI Committee 209. Prediction of Creep, Shrinkage, and Temperature Effects in-Concrete Structures（ACI 209R-92）（Reapproval 2008）[R]. Farmington Hills, MI：America Concrete Institute，2008.

[32] CEB-FIP. Mode Code 2010 [S]. Lausanne：The International Federation for Structure Concrete，2012.

[33] 中华人民共和国国家标准. 混凝土结构设计规范 GB 50010—2010 [S]. 北京：中国建筑工业出版社，2010.

[34] 中华人民共和国行业标准. 公路钢筋混凝土及预应力混凝土桥涵设计规范 JTG 3362—2018 [S]. 北京：人民交通出版社，2018.

[35] Bazant Z P，Baweja S. Creep and Shrinkage Prediction Model for Analysis and Design of Concrete Strcture：Model B3 [J]. Materials and Structures，1995，28（6）：357-365.

[36] 彭波. 蒸养制度对高强混凝土性能的影响 [D]. 武汉：武汉理工大学土木工程学院，2007.

[37] 刘宝举. 粉煤灰作用效应及其在蒸养混凝土中的应用研究 [D]. 长沙：中南大学土木工程学院，2007.

[38] 谢友均，冯星，刘宝举，刘伟. 蒸养混凝土抗压强度和抗冻性能试验研究 [J]. 混

凝土，2003（03）：32-34，51.

[39] 康勇，吕晶，张大利，韩瑜. C60 蒸养混凝土制备条件正交试验研究 [J]. 混凝土世界，2014（08）：68-70.

[40] 胡晓曼，董献国. C60 高性能蒸汽养护混凝土试验研究 [J]. 施工技术，2015，44（03）：76-78.

[41] 巫祖烈，管延武，张永水，王春江. 大吨位徐变仪的研制及徐变试验 [J]. 公路交通科技，2008（01）：98-103.

[42] 谌意雄，曾志兴. 钢板开孔对结构性能的影响及其对策 [J]. 低温建筑技术，2013，35（11）：44-47.

[43] 郑文忠，汤灿，刘雨晨. 考虑截面应力重分布的钢筋混凝土柱徐变分析 [J]. 建筑结构学报，2016，37（05）：264-272.

[44] 占文. C50 预制蒸养管片混凝土配合比优选试验研究 [A]. 第三届全国地下、水下工程技术交流会论文集，2013：4.

[45] 宋文浚. 蒸汽养护对混凝土力学性能影响的试验研究 [J]. 山西水利科技，2016（01）：91-93.

[46] 谢友均，马昆林，刘运华，龙广成，石明霞. 蒸养超细粉煤灰高性能混凝土性能试验研究 [J]. 深圳大大学学报，2007（03）：234-239.

[47] 贺智敏，谢友均，刘宝举. 蒸养粉煤灰混凝土力学性能试验研究 [J]. 混凝土，2003（08）：25-27.

[48] 何智海，刘宝举. 蒸养混凝土抗氯离子渗透性能的试验研究 [J]. 粉煤灰，2007（02）：12-13，15.

[49] 杨永清，鲁薇薇，李晓斌，余小华. 自然环境混凝土徐变试验和预测模型研究 [J]. 西南交通大学学报，2015，50（06）：977-983.

[50] 张盼盼. 超高层混合结构时变效应分析 [D]. 上海：同济大学土木工程学院，2011.

[51] 孙璨，傅学怡. 引用徐变回复效应建立的应变全量递推方法 [J]. 哈尔滨工业大学学报（自然科学版），2010，42（4）：562-567.

[52] 苏清洪. 加筋混凝土收缩徐变的试验研究 [J]. 桥梁建筑，1994（04）：11-18.

[53] 傅学怡. 实用高层建筑结构设计 [M]. 北京：中国建筑工业出版社，2010.

[54] 赵昕，焉兴祥，孙华华，丁杰民. 基于 B3 模型的巨型竖向构件收缩徐变分析 [J]. 建筑结构，2009，39（S1）：245-247.

[55] 邓志恒，秦荣. 考虑施工过程收缩徐变对高层建筑结构影响理论分析 [J]. 哈尔滨建筑大学学报（自然科学版）. 2002，35（5）：28-31.

[56] Furlong R W. Design of steel-encased concrete beam-columns [J]. ASCE Journal of Structure Division，1968，94（ST 1）：267-281.

[57] 谭素杰，齐加连. 长期荷载对钢管混凝土受压构件强度影响的试验研究 [J]. 哈尔滨建筑工程学院学报，1987（2）：10-24.

[58] 王湛. 钢管膨胀混凝土的徐变 [J]. 哈尔滨建筑工程学院学报，1994（3）：14-17.

[59] 曹志远. 土木工程分析的时变力学方法 [J]. 工程力学，1996，01：71-77.

［60］ 方永明，韦承基. 高层建筑结构施工模拟的剖析 ［J］. 铁道大学学报，1997，18
（4）：50-54.

［61］ 李瑞礼，曹志远. 高层建筑结构施工力学分析 ［J］. 计算力学学报，1999，16
（2）：157-161.

［62］ 赵宪忠. 考虑施工因素的钢筋混凝土高层建筑时变反应分析 ［D］. 上海：同济大
学土木工程学院，2000.

［63］ 张其林，罗晓群，等. 大跨钢结构施工过程的数值跟踪和图形模拟 ［J］. 同济大学
学报（自然科学版），2004，32 （10）：1295-1299.

［64］ 罗永峰，王春江，陈晓明，等. 建筑钢结构施工力学原理 ［M］. 北京：中国建筑
工业出版社，2009.

［65］ 闫峰，周建龙，汪大绥，郑利，朗婷. 南京绿地紫峰大厦超高层混合结构设计
［J］. 建筑结构，2007，37 （5）：20-24.

［66］ 祁晓昱，赵昕，张盼盼，丁杰民，巢斯. 上海中心大厦结构竖向差异变形效应研究
［J］. 建筑结构学报，2011，32 （7）：15-21.